石油教材出版基金资助项目

石油高等院校特色规划教材

地 震 学 基 础

宋 娟 黄建平 编著

U0345580

石 油 工 业 出 版 社

内 容 提 要

本书围绕地震震源物理、地下结构反演及石油特色三个基本点展开论述,主要内容包括地震学基本概念、弹性力学及地震波、射线理论、面波与地球自由振荡、地震基本参数测量方法、震源理论、地球内部结构、地震预报等。

本书为石油院校固体地球物理专业高年级本科生的专业基础课教材或辅修教材,也可供相关行业的技术人员参考。

图书在版编目(CIP)数据

地震学基础/宋娟,黄建平编著. —北京:石油工业出版社,2018.2
石油高等院校特色规划教材
ISBN 978 - 7 - 5183 - 2451 - 4

Ⅰ. ①地… Ⅱ. ①宋…②黄… Ⅲ. ①地震学—高等学校教材 Ⅳ.
①P315

中国版本图书馆 CIP 数据核字(2018)第 001412 号

出版发行:石油工业出版社
　　　　　(北京市朝阳区安定门外安华里 2 区 1 号楼　　100011)
　　　　　网　　址:www.petropub.com
　　　　　编辑部:(010)64523693　　图书营销中心:(010)64523633
经　　销:全国新华书店
排　　版:北京密东文创科技有限公司
印　　刷:北京中石油彩色印刷有限责任公司

2018 年 2 月第 1 版　　2018 年 2 月第 1 次印刷
787 毫米×1092 毫米　　开本:1/16　　印张:10.5
字数:265 千字

定价:22.00 元

前　　言

近年来,"向地球深部进军"已经上升为国家战略。地震学作为地下结构研究的重要研究载体和研究手段,越来越受到地球物理研究人员的重视。

本书主要参照了中国科学技术大学刘斌教授编写的《地震学原理与应用》和北京大学周仕勇教授编写的《现代地震学教程》这两本教材,同时也借鉴了北京大学傅淑芳、刘宝诚教授编写的《地震学教程》(1991 年)。上述教材内容充实,知识点丰富,方法原理介绍较为细致,整体难度较大,适用于偏数理基础的理工科学校学生学习。通过笔者在中国石油大学(华东)6 年的授课经验来看,上述教材对于偏工学类学生的学习较为吃力。为此,我们撰写了一本内容更为简单的适用于工科院校的《地震学基础》本科教材。

本教材紧紧围绕"地震震源物理、地下结构反演、石油特色"三个基本点展开论述,注重现代地震学的新进展,介绍了部分地震学最新研究成果,与已有同类教材相比,内容上做了较大调整。本教材介绍了接收函数、地球自由振荡、地球内部结构反演的最新方法等,是一本内容较为系统的专业课程教材。同时,在每章内容后面,还精心设计了思考题,以检验学生学习理论知识的情况并激发学生独立从事科学研究的兴趣。

第 1 章 1.1、1.2、1.3 由黄建平执笔,宋娟协助;1.4、1.5、1.6 由宋娟推导和整理,黄建平协助。第 2 章 2.1、2.2 由宋娟老师推导和整理,黄建平协助;2.3 由黄建平整理,宋娟协助。第 3 章 3.1、3.2、3.3、3.4、3.5 由宋娟推导和整理,黄建平协助;3.6 由黄建平整理,宋娟协助。第 4 章 4.1、4.2、4.3、4.4 由宋娟推导和整理,黄建平协助;4.5 由黄建平推导和整理,宋娟协助。第 5 章 5.1 由黄建平整理,宋娟协助;5.2 由宋娟整理和推导,黄建平协助。第 6 章 6.1 由宋娟整理,黄建平协助;6.2、6.3 由黄建平整理和推导,宋娟协助。第 7 章 7.1、7.2 由宋娟推导和整理,7.3、7.4、7.5 由黄建平推导和整理,宋娟协助。第 8 章由宋娟整理,黄建平协助。

在教材编写过程中,借鉴了国内外许多优秀的专业著作和教材的内容,同时,借鉴了 JGR、GRL 的杂志部分科研论文的研究成果和成果描述,以及 IRIS 台网中心、国家台网中心(CEARRAY)台站的波形记录数据。感谢 Harvard CMT 中心提供的部分震源机制解信息，以及 GMT 画图软件生成部分图件。对上述专家、组织、机构表示深深的谢意！

由于我们水平有限，书中可能存在一些不妥和错误之处，敬请各位读者及专家提出宝贵意见和建议，我们将认真吸纳和改正。

编著者

2017. 10. 25

目　　录

1 绪 论

著名的地球物理学家傅承义先生说:"认识地球是地球物理学的基本任务"。俗话说得好,"上天有路,入地无门"。那么如何来认识我们的地球呢?

随着科学技术的进步,用物理学的方法研究地震现象有了可能。自从发明了地震仪(seismograph),地震的定量观测与物理理论(主要是固体力学,特别是弹性力学部分)联系起来了。从此,对于地震的研究超越了记载、描述和初级统计阶段,加入了以物理学为理论基础、数学为处理工具的应用物理学的行列,成了地球物理学中最重要的分支。地震学主要是利用地震波穿透地球来了解地球内部介质的构造(包括结构和组成)和运动(震源区介质的运动、大地构造运动和地球内部的对流运动等)。我们知道,目前人类掌握的利用穿透物质来研究物质内部性质的主要技术手段是:观测电磁波、机械波在物质中的传播,以及观测基本粒子穿透物质时与物质的相互作用。穿透庞大的地球不像 X 光穿透人体或者 α 粒子穿透金属薄片那样容易。电磁波和 α 粒子穿透能力太弱,而中微子又显得太强。中微子在穿透地球时几乎不会与地球介质相互作用,因此得不到地球内部的信息。1994 年,美国建成置于海水中接收来自太空低能量中微子的记录器,用于研究地球内部的构造。但利用地震波研究地球却有两个有利条件:其一,地震波在地球介质中传播时衰减很小,穿透能力强;其二,天然地震免费提供了在地球上分布相当广泛的、强度范围又极大的许多机械波辐射源。因此,只要在地球上建立许多地震台、架设起地震仪,就能以逸待劳地接收到穿透到地球各个部位的地震波,从而获得地球内部的各种信息。事实上,关于地球内部构造和运动的许多重要知识,就是从地震学研究中得到的。

本章主要介绍地震学的主要研究内容和应用、地震学的基本名词和概念。

1.1 天然地震和地震学

地震是人类认识地球内部构造和演化的一种有力工具,但它首先作为一种严重的自然灾害引起人们的重视,才有以后的与地震相关的研究。

1.1.1 天然地震

地震是地球介质运动引起的激烈事变,大地震在短时间内释放出大量的能量,在极震区里,10~20s 就完成毁灭性的破坏。据估计,能够使整个地球震颤的地震波,仅占大地震所释放能量的 0.1% ~1% 。

大地震是严重的自然灾害。比如,智利是地震多发的地区,在 1960 年 5 月 22 日约一天半的时间内,就发生了 7 级以上的强震 5 次,其中 3 次达到 8 级以上。1995 年 1 月 17 日清晨 5 点 46 分,日本神户—大阪地区发生 7.2 级大地震(阪神地震),震动持续 20s 左右,造成 5400 人死亡,直接经济损失超过 1000 亿美元。1976 年 7 月 28 日凌晨 3 点 42 分和 18 点 43 分,唐山地区接连发生了 7.8 级和 7.1 级两个大地震。造成 24 万多人死亡。

地震是短暂的,一瞬即逝,一次大地震释放大量的能量,并伴随强烈的地面变形和断层的错动,在很短的时间内造成巨大的灾害。图 1.1 为地震震后破坏现场。

图 1.1　地震震后破坏现场

地震学研究主要是在研究天然地震的过程中发展起来的。

1.1.2　地震学

狭义的地震是指天然地震,广义的地震是泛指一切大地震动。

地震学是地球物理学的一个重要分支,是研究地震的发生、地震波的传播和接收、地球介质的构造和特征的一门学科。具体地说,它主要是根据天然地震或人工地震的资料,运用物理学、数学、地质学的知识,来研究地震发生的状况、地震波传播的规律、地壳和地球内部分层结构及介质特征,以求一方面达到预测、预防及至控制地震的目的,另一方面达到透视地球内部的目的。

地震学是一门应用物理学。傅承义先生说过:"地球物理学,顾名思义,就是以地球为对象的一门应用物理学。"地球物理学,如果狭义地理解,指的是固体地球物理学。"固体地球物理学是通过预测地面上的物理效应来推测地下不可直达点的物质分布和运动。它与地质学是密切相关的学科,但二者的观点和方法却截然不同,不能混为一谈。"地震学是固体地球物理学的核心。

固体地球物理学又分为两大方面:研究大尺度现象和一般原理的称为普通地球物理学;利用由此发展起来的方法来勘探有用矿床和石油的,称为勘探地球物理学。勘探地球物理学是为了查明矿藏和某些工程地质问题,来确定地球浅部构造,因为工业上的需要,发展极快,已经自成体系,形成一门应用地球物理学,它对国民经济的发展具有重大的意义。其中地震勘探方法由于分辨率最高,是地球物理勘探中十分重要的一种方法,对于了解浅部的地层、地质构造(工程的地基、地下水层、煤层,特别是具有重大价值的石油储层等)十分有效;对于大坝、水泥构件、桩基之类的质量进行无损检测也是比较好的手段。地震勘探的理论起源于地震学。勘探地球物理学虽然起源于普通地球物理学,但勘探地球物理学所发展的方法现在反过来又对研究普通地球物理现象有很大的帮助。

地质学也研究地震现象。的确,在地震学成为独立的学科之前,人类关于地震的知识大多见于地质学中的动力学地质和构造地质部分。近代这些方面知识的发展已成为地质学的一个分支——地震地质学。地震地质学运用地质学的方法,主要研究与地震有关的地质构造、构造活动和地壳应力状态。

1.2　地震学的主要内容

人类研究地震的历史相当久远了。地震仪器发明以后,对地震学及其有关现象的研究,在深度和广度方面都有了长足的进步,目前,在地震的本质、活动的规律及其产生的影响等方面,已经积累了许多的知识。同时,通过地球震动的研究,也获得了与地球内部构造和地球内部运动有关的许多知识。这些知识,以及利用地震获得这些知识的方法,都是地震学的研究内容。

概括起来,地震学的主要内容可归纳如下。

(1)强地面运动地震学(宏观地震学或工程地震学):地震发生以后,在地震破坏区考查自然景观的改变、各类建筑物受破坏的情况,并在广阔的范围内收集人和动物的感受和反应等。再结合当地的地质、地貌、地震发生的历史进行各种分析,从中提取出有用的信息。这些宏观地震现象的调查及场地研究给出的强地面运动的资料将为估计地震危险性、预防及减轻地震灾害、抗震设计和地震区划等工农业建设服务。

(2)地震波传播理论和地球内部物理学:地震发生后,除震源区外,地震信号以弹性波的形式在地球介质中传播。研究地震波的发生和传播特征、分析地壳和地球内部的结构、组成和状态是地震学的主要内容之一,这一部分称为理论地震学。

(3)测震学(地震观测和数据处理):地震学是以观测为基础的一门应用学科。地震发生的讯号由仪器所捡拾和记录,信息的分辨率和信噪比的提高依赖于仪器的频率响应及台站的合理布局。因此,地震仪器的研制、组合,台网的布局以及地震记录图的分析、处理和解释工作就是测震学的主要内容。

由于近代测量技术和计算机技术的发展,地震学的研究工作有了巨大的进展,当前主要研究方面有:

(1)地震活动性:主要研究某地区在指定时期内所发生的地震在时间、空间、强度、频度等方面的特点。

(2)地震危险性评价:防震减灾的项目、活动断层的探测和地震危险性分析。

(3)震源理论:沿用习惯上采用的名称,可将研究内容分为相互关联的三部分,即地震成因、震源机制和震源物理。

地震成因探讨各种可能引起地震的、地球内部运动的过程,侧重于讨论源区以何种形式的能量(化学能、冲击动能、弹性势能、相变能等等)转化为地震波形式的机械能,争议很多,尚无定论。一般认为,绝大多数浅层地震是由断层作用产生的。

震源机制也称为震源力学,研究与辐射地震波等价的力学模式,实际上,大多数为断层模式,另一重要的模式是爆炸源。

震源物理研究地震孕育、发生和震后各阶段的物理过程,目前侧重于讨论固体介质受力破裂的过程,以及在此过程中介质物性的变化和由此引起的各种物理场的变化。

(4)地震波传播理论:已知震源及地球介质模型,研究各类地震波在地球介质中的传播特征,这是地震学的正演问题,如应用射线追踪及波动理论来合成理论地震图,研究在分层或缓变介质中各类体波、面波的速度、频散、衰减等特征。

(5)地壳和地球内部构造:地震波的传播与地球内部物质的密度和性质密切相关。利用地震波的速度分布研究海洋、大陆地壳、上地幔和下地幔等的分布结构、横向非均匀性及各向异性特征,这是地震学的反演问题。同样的原理可用于研究地球和行星内部构造。

(6)模型地震学的研究:地震学各大研究课题几乎都有相应的模型试验。在实验室中,用各种人工源(压电晶体、电火花等)模拟震源,研究其发射的波在各种模型构造中的传播特征与物理机制;进行高温高压下的各类岩石破裂试验的模拟研究等。它与数学模拟、资料分析成为相互补充的三个平行的方面。

(7)地震观测系统及地震资料的分析和处理方法的研究:这是地震学的基础研究工作。通过全球及区域台网的最佳布局、台阵的设置、不同频带的新仪器的研制,以求获得最大限度的地震信息量,进而研究信号特征,准确而快速地测定基本参数,及时提供有关地震活动性的时、空、强分布的资料。

(8)地震预测、预报:为减少地震对人类的危害程度,地震预测和预报就显得十分重要。地震预测是指预测未来地震发生的时间、地点和强度,即地震预报的三要素。由于地震孕育过程复杂,地震类型多种多样,人类目前还不能掌握地震孕育过程的基本规律。地震的预测、预报仍处于科学探索阶段,还很不成熟。

1.3　地震学的主要应用

当前,地球物理学研究的主要任务是:资源勘查、生态环境保护、地质灾害预报和认识地球。其中认识地球是地球物理学的基本任务,而前三者是地球物理学的主要应用领域。

1.3.1　预报自然灾害

许多严重的自然灾害都与巨大的能量释放有关,其中不少对地球具有强烈的震撼作用。有些自然灾害可以用地震方法预报,例如,火山喷发、海啸、地震和矿山坍塌等。

火山喷发前会发生一系列地学现象,如地形变和频繁的地震。预报火山的手段很多,比较重要的是监测地形变和地震。用地震方法预测火山喷发称为"火山地震学"。1948年,太平洋海啸预警系统成立,中心设在太平洋的檀香山上,几十年来无一漏报。我国虽处太平洋的沿岸,由于我国沿海大陆架平缓开阔,巨大的海啸能量在到达岸边时已衰减得差不多了。根据历史,仅福建沿岸曾发生过轻微的海啸。对矿山地震的监测是保证矿山安全的重要手段之一,称为"矿山地震学"。20世纪60年代地震预报的研究非常踊跃。

到目前为止,地震预报还是一个世界性难题。地震预报必须同时包括时间、地点和强度,由于地震情况复杂,有些地震能预报,有些地震则无法预报,现在全球预报地震的准确率只有20%多。目前,包括像美国、日本等发达国家在内,地震预报仍然处于探索阶段,地震预报还远远没有做到像天气预报那样准确。

1.3.2 探测地球和行星内部的构造和运动

研究地球所采用的许多方法,也适用于研究其他行星。事实上,尽管宇宙飞船的负载十分珍贵,月球上已经架设过地震仪,严格地说是月震仪。迄今为止,利用1969—1972年架设在月球上的五台月震仪,记录到了真正的月震以及陨石、废弃的火箭壳体等对月球的撞击。运用地震学的方法对这些资料进行分析,已经获得许多有关月球内部的构造和运动情况的重要知识。

增进对地球的认识主要是基础研究,但是又直接与矿产资源的生成、自然灾害的成因有关。早期利用走时反演地球结构。1940年杰夫瑞斯和布伦编制了全球的P、S波走时表,利用走时表和赫—维(H-W)反演公式得到地球内部的P、S波速度分布。布伦将地球内部结构分为7层,图1.2(a)是一个标准的横向均匀的7层地球模型,它被用于各种地震学研究。目前地震学研究重点集中于地球精细结构的确定。图1.2(b)是利用体波、面波和自由振荡波的层析成像的方法得出的地球三维结构的研究。1981年杰旺斯基和安德森提交了一个"初步参考

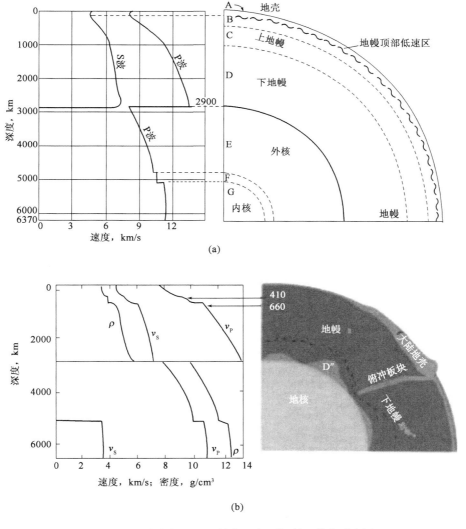

图 1.2　地球内部的速度结构及主要间断面分布示意图

模型",即 PREM(prelimiary reference Earth model)模型,作为现今地震学研究的基础参考模型。这是一个地震波传播速度随深度变化的"平均地球"模型。现在常用的一维地球结构模型还有为 AK135 和 iasp91 模型。

1.3.3　测定地面震动

工程建筑和军事侦察都需要研究地面的震动特性。城市建设和重要的工程设施,例如,水坝、大隧道、核电站等,都需要考虑抗震,都需要知道当地的地震活动性和预测可能的强地面运动的特性。而测定场地的微弱震动(地震噪声)的强度,又可为选择精密仪器加工、调试的车间、特种实验室、高灵敏度观测台的场地提供基本数据。利用测震技术还可以侦察大到地下核爆炸,小到机械化部队的移动、炮兵阵地的位置等军事情报。20 世纪 60 年代的越南战场上,越方的"胡志明小道"曾成功地进行军需物资的运输。曾经越军的车辆一开动,美军飞机立刻飞来狂轰滥炸。经仔细侦察才发现,小道周围许多没有树叶的、光秃秃的"热带植物"竟是美军用炮弹发射过来的"振动探测侦察系统"。

事实上,地下核试验的侦察和识别全面促进了地震学的发展。为了提高侦察能力,改进了地震观测系统,建立了一系列的标准地震台网,并且发展了先进的地震台阵技术;为了精确地测定爆炸地点,仔细地研究了地球的构造和地震波的传播特性;为了合理地架设观测仪器,进行了台站布局的研究;为了快速处理由于提高灵敏度而大幅度增加的资料,设计了自动化程度很高的数据处理设备;为了鉴别天然地震与核爆破,开展了地震活动性、震源机制、地震成因等多方面的理论和实验研究;为了对抗地震方法的侦察,又进行了隐蔽方法的研究,等等。在研究地震方法监视地下核爆炸方面,美国实施的"维拉-U"计划(VELA uniform project)所起的作用推动最大。

1.4　地震学的基本名词和概念

1.4.1　有关空间的概念

震源:地球内部发生地震而破裂的地方。图 1.3 为地震发生与断层分布示意图。理论上将震源看成一个点,实际上它是一个区,或称为震源区。

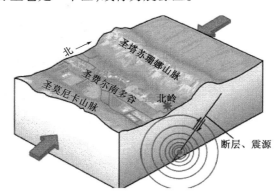

图 1.3　地震波的传播示意图

震源深度:将震源看作一个点,由此到地表的垂直距离称震源深度。

震中:震源在地表的投影,宏观上是地震对地表破坏最严重的地区,也称极震区,事实上,二者并不完全重合。与震中相对的地球直径的另一端称为对震中,或称为震中对蹠点。

震中距:在地面上从震中到任一点沿大圆弧测量的距离,用希腊字母 Δ 表示,也可以用此距离对地心所张的距离 θ(地心角)来表示[图 1.4(a)]。在球面上,若球表面上 E 为震中,其经纬度为 λ_E 和 φ_E,台站 S 的经纬度为 λ_S 和 φ_S,则大圆弧 ES 定义为震中距[图 1.4(b)]。

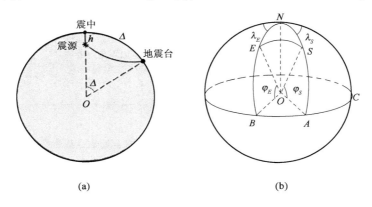

(a)   (b)

图 1.4　震源、震中和震中距意思表示示意图

1.4.2　发震时刻

发震时刻是指地震发生的时间,通常用 T_0 来表示。

1.4.3　地震波及地震射线

发生于震源并在地球介质中传播的弹性波称为地震波。地震波波阵面的法线方向的连线称为地震射线。对观察者而言,似乎地震波就沿该路径传播,如图 1.3 所示。

1.4.4　有关强度的概念

地震烈度:按一定的宏观(野外场地调查)标准,表示地震对地面影响和破坏程度的一种量度。通常用 I 表示,按烈度值的大小排列成表,称为烈度表,我国使用的是 12 烈度表(表 1.1)。

表 1.1　中国地震烈度表

地震烈度	人的感觉	房屋震害			其他震害现象	水平向地震动参数	
		类型	震害程度	平均震害指数		峰值加速度 m/s²	峰值速度 m/s
I	无感	—	—	—	—	—	—
II	室内个别静止中的人有感觉	—	—	—	—	—	—
III	室内少数静止中的人有感觉	—	门、窗轻微作响	—	悬挂物微动	—	—
IV	室内多数人、室外少数人有感觉,少数人梦中惊醒	—	门、窗作响	—	悬挂物明显摆动,器皿作响	—	—

地震烈度	人的感觉	房屋震害			其他震害现象	水平向地震动参数	
		类型	震害程度	平均震害指数		峰值加速度 m/s²	峰值速度 m/s
V	室内绝大多数、室外多数人有感觉,多数人梦中惊醒	—	门窗、屋顶、屋架颤动作响,灰土掉落,个别房屋墙体抹灰出现细微裂缝,个别屋顶烟囱掉砖	—	悬挂物大幅度晃动,不稳定器物摇动或翻倒	0.31 (0.22~0.44)	0.03 (0.02~0.04)
VI	多数人站立不稳,少数人惊逃户外	A	少数中等破坏,多数轻微破坏和/或基本完好	0.00~0.11	家具和物品移动;河岸和松软土出现裂缝,饱和砂层出现喷砂冒水;个别独立砖烟囱轻度裂缝	0.63 (0.45~0.89)	0.06 (0.05~0.09)
		B	个别中等破坏,少数轻微破坏,多数基本完好				
		C	个别轻微破坏,大多数基本完好	0.00~0.08			
VII	大多数人惊逃户外,骑自行车的人有感觉,行驶中的汽车驾乘人员有感觉	A	少数毁坏和/或严重破坏,多数中等和/或轻微破坏	0.09~0.31	物体从架子上掉落;河岸出现塌方,饱和砂层常见喷水冒砂,松软土地上地裂缝较多;大多数独立砖烟囱中等破坏	1.25 (0.90~1.77)	0.13 (0.10~0.18)
		B	少数中等破坏,多数轻微破坏和/或基本完好				
		C	少数中等和/或轻微破坏,多数基本完好	0.07~0.22			
VIII	多数人摇晃颠簸,行走困难	A	少数毁坏,多数严重和/或中等破坏	0.29~0.51	干硬土上出现裂缝,饱和砂层绝大多数喷砂冒水;大多数独立砖烟囱严重破坏	2.50 (1.78~3.53)	0.25 (0.19~0.35)
		B	个别毁坏,少数严重破坏,多数中等和/或轻微破坏				
		C	少数严重和/或中等破坏,多数轻微破坏	0.20~0.40			
IX	行动人的摔倒	A	多数严重破坏或/和毁坏	0.49~0.71	干硬土上多处出现裂缝,可见基岩裂缝,错动,滑坡、塌常常见;独立砖烟囱多数倒塌	5.00 (3.54~7.07)	0.50 (0.36~0.71)
		B	少数毁坏,多数严重和/或中等破坏				
		C	少数毁坏和/或严重破坏,多数中等和/或轻微破坏	0.38~0.60			

地震烈度	人的感觉	房屋震害			其他震害现象	水平向地震动参数	
		类型	震害程度	平均震害指数		峰值加速度 m/s²	峰值速度 m/s
X	骑自行车的人会摔倒,处不稳状态的人会摔离原地,有抛起感	A	绝大多数毁坏	0.69 ~ 0.91	山崩和地震断裂出现,基岩上拱桥破坏;大多数独立砖烟囱从根部破坏或倒毁	10.00 (7.08 ~ 14.14)	1.00 (0.72 ~ 1.41)
		B	大多数毁坏				
		C	多数毁坏和/或严重破坏	0.58 ~ 0.80			
XI	—	A	绝大多数毁坏	0.89 ~ 1.00	地震断裂延续很大,大量山崩滑坡	—	—
		B					
		C		0.78 ~ 1.00			
XII	—	A	几乎全部毁坏	1.00	地面剧烈变化,山河改观	—	—
		B					
		C					

注:表中给出的"峰值加速度"和"峰值速度"是参考值,括号内给出的是变动范围。

等震线:地面上等烈度的连线。它们大都是封闭曲线。在地图上表示一次地震的烈度递减的情况,如图 1.5 所示。

图 1.5　烈度分布等值线图

震级:按一定的微观标准(仪器观测),表示地震波能量大小的量度,常用字母 M 表示。

非常简化的考虑:简谐波的能量与其振幅的平方成正比,即 $E \propto A^2$:

$$\lg E \propto 2\lg A = 2M + B \tag{1.1}$$

总可以认为

$$\lg E = aM + b \qquad (1.2)$$

式中　a、b——系数。

对大量的地震,分别独立地估计地震波能量 E 和实测震级 M。古登堡、里克特统计得出

$$\lg E = 1.5M + 11.8 \qquad (1.3)$$

地震的能量是很大的。爆炸 1kg 的普通火药产生能量 4.2×10^6 J,曾在广岛爆炸的原子弹(2×10^4 t)的能量为 8.4×10^{13} J,相当于 6.1 级地震释放出的地震波的能量。但这样的原子弹若在地下爆炸,能成为地震波能量的仅为一小部分,发生的地震可能小于 5 级。

震级和烈度都是衡量地震强度的,根据统计结果,震级 M 与震中烈度 I_0 之间有下列关系:

$$M = 1 + \frac{2}{3}I_0 \qquad (1.4)$$

表 1.2 表示的是震中烈度(I_0)、震级(M)和震源深度(h)之间的关系。从表中可以看出,随震源深度 h 的增加,震中烈度 I_0 减小;随震级 M 的增加,震中烈度增大。

表 1.2　震中烈度、震级和震源深度之间的关系

I_0＼h,km ＼ M	5	10	15	20	25
2	3.5	2.5	2	1.5	1
3	5	4	3.5	3	2.5
4	6.5	5.5	5	4.5	4
5	8	7	6.5	6	5.5
6	9.5	8.5	8	7.5	7
7	11	10	9.5	9	8.5
8	12	11.5	11	10.5	10

1.4.5　地震的分类

为研究方便,按震动的性质,可将地震分为天然地震、人工地震及脉动三类。

脉动是指由天气、海浪等因素引起的地球表面经常性的微动。

天然地震是指自然发生的地震,它是地球构造运动的一种表现形式,被称为"活的地质现象"。一次地震的发生通常伴随大规模的地震断层或其他地表破坏现象的出现,同时,地下岩层所积累的应变能以弹性波(地震波)的形式向外传播,造成地面的剧烈运动,从而引起建筑物的倒塌和人畜的伤亡。

对于天然地震,有下述分类方法:

(1)按成因可将天然地震分为构造地震、火山地震、陷落地震。

构造地震是由地下岩层的错动而破裂所造成的地震。全球 90% 以上的天然地震都是构造地震。

地震学的伟大成就之一是人们了解了地震波被激发的机制。19 世纪一位地震学者评述地震时写道:"地震的成因还仍隐匿于朦胧之中,可能是永恒的谜,因为这些强烈地震发生的处所远离人类观察领域之下。"许多与他同时代的人认为火山作用是地震的首要原因,而另一些人倾向于地震源于高大山脉造成的巨大重力差。在 20 世纪初,地震台网建立之后,完成了地震活动的全球性监测,人们发现许多大地震发生之处远离火山和山脉。很多地质学家和地震学家对破坏

性地震的野外观察发现,地面断裂之大常常使他们震惊。他们推测:地表岩石的大规模迅速错动是强烈地震的原因。今天认为天然浅震几乎都有同样成因。地球深成构造造成地球外层大规模的变形是地震的根源,沿地质断层的突然滑动则是地震波能量辐射的直接成因。大多数破坏性地震,诸如 1906 年的旧金山的地震、1988 年的亚美尼亚地震和 1992 年的加利福尼亚兰德斯地震,都是因断层岩石的突然破裂而发生。当然,强烈的地震也有其他来源的结果。

火山地震是由火山的作用(喷发、气体爆炸等)引起的地震,占全球发生地震的 7%。

陷落地震是由地层陷落(如喀斯特地形、矿坑塌陷等)引起的地震,占总数的 3%。

(2)按震源深度可将天然地震分为浅源地震、中源地震、深源地震。

浅源地震的震源深度 $h \leqslant 60km$,也称正常深度地震。大多数地震属于浅源地震。

中源地震:$60km < h \leqslant 300km$。

深源地震:$h > 300km$,已记录到的最深地震的震源深度约为 700km。

有时将中源地震和深远地震统称为深震。

(3)按震中距可将天然地震分为地方震($\Delta < 100km$)、近震($\Delta < 1000km$)、远震($\Delta > 1000km$)。

(4)按震级可将天然地震分为弱震($M < 3$)、有感地震($3 \leqslant M \leqslant 4.5$)、中强震($4.5 < M < 6$)、强震($M \geqslant 6.0$)。$M \geqslant 8.0$ 的强震又称为巨大地震。

1.5　地震发生的构造条件

深源地震发生在地球内部约倾斜 45° 的贝尼奥夫(Benioff)带,它处在日本、新西兰、汤加和阿拉斯加等构造活跃的岛弧带之下,或与深海沟相关联(图 1.6),如南美安第斯山脉一带。在多数贝尼奥夫带上,中(深)源地震都发生在一个很窄的层内,日本的观测表明,它们为相距仅 20km 的平行带状分布。

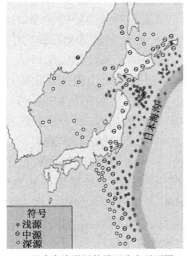
(a)日本海沟附近的震源分布平面图

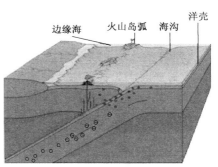
(b)震源深度与板块俯冲带之间关系

图 1.6　Benioff 带地震震中分布特征(a)及其与俯冲带边界内部构造的相关性(b)示意图

1954 年 Benioff 用 Gutenberg - Richter 的资料画出斜面;解释成洋、陆之间的逆冲大断层。Benioff 带非常具有代表性,它指示了俯冲带地震分布的空间规律,为研究地震震源机制与俯冲带边界或者内部构造相关性提供了直接证据。现在研究发现:该规律还存在一定争议,焦点在于俯冲带地震空间定位的精度以及俯冲带背景速度模型获取的精度。

地震活动带与火山活动区域吻合。多数中源地震都发生在火山构造之下,但火山并非构造地震的直接起因,可能两者同属于深层构造运动的不同表现形式,而地壳的弧形构造则与地震的发生直接相关联。

地震带分布的这种特征将如何解释呢? 研究表明,地球表面的海洋和大陆在地质时期内不是固定不变的。这里除了有地面的隆起与沉降的垂直运动外,更主要的是发生大规模的水平运动。大陆漂移就是明显的证据。这类研究各个大构造体及其内部的构造作用的一些论点,今天已发展成为地球动力学说。

根据地球动力学的观点,地球的岩石层并不是整体一块,而是被一些活动构造如海岭、岛弧、转换断层分割成若干板块,例如,欧亚板块、美洲板块、非洲板块、太平洋板块、澳大利亚板块和南极洲板块。而板块大地构造是建立在海底扩张假设的基础之上(图1.7)。

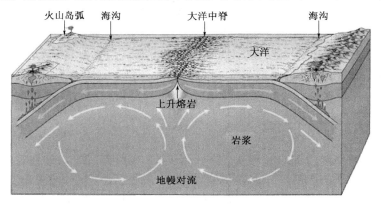

图 1.7　洋中脊地幔对流及海底扩展示意图

地壳运动的主要动力来自地幔对流。地球最上层为强度较大且厚度不到100km的岩石层,而其下是数百千米的软流层,对流就发生在软流层内。海底是对流循环的顶端,地幔物质从海底的破裂带(海岭)喷出来,向两边扩张,形成新的海底,旧的海底向前运动(每年约数厘米),在某些岛弧地带沉入软流层,完成了对流的循环(图1.8)。这个循环系统的尺度可达几千千米,某些循环现在仍在进行,但某些则已停止。在地质年代里,对流循环的位置是变化的,因此导致大地构造形态上的变化。但对流发生在地球内部,与大陆位置无关。大陆仿佛坐在传输带上一样,随岩石层一起流动,即所谓的大陆漂移。当大陆达到对流的汇聚点时,因为较轻而停止不动,如果一个新的对流循环恰好由一块大陆下面上升,则大陆将被冲破而形成新的断裂。

在海岭、岛弧、转换断层3种形态之间的作用力有3种类型:海岭处主要是张力,常造成正断层(张断层);岛弧地区主要是挤压,造成逆断层(挤压断层);海岭破裂处的剪切地区形成转换断层,它是平移断层的一种。这些相互作用就是地震发生的基本成因。在岛弧地区,地震发生的强度最大,最大达到8.9级。这个地区浅震和深震活动联在一起,形成一个连续的倾角为45°的贝尼奥夫带,这是岩石层俯冲到软流层的结果,这样就解释了深源地震发生的原因。

地震除了发生在大洋中脊、海洋和大陆边缘地带外,也常发生在板块内部的板块边缘。板块由于漂移速度的不同而相撞,往往形成广泛分布的深大断裂带,它也是强震发生带,即所谓的板内地震。这些不同方向的深大断裂带又把地壳分割成大小不等的构造块体,强震往往发生在这些活动断裂带的特殊部位。

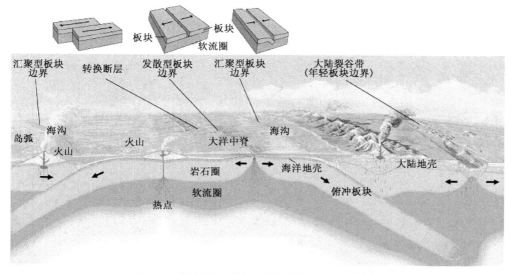

图 1.8　俯冲板块附件主要地质构造现象示意图

大陆漂移、海底扩张和板块构造是一个问题的三部曲,虽然具体内容有所不同,但科学思路是密切联系的。海底扩张是古老的大陆漂移假说的新形式,板块构造是海底扩张的具体引申(傅承义,1972)。

1.6　地震频度和地理分布

1.6.1　地震频度

地震频度是指一定时间内各种类型(地震)及各种强度地震的数目,即地震发生的频繁程度。

根据地震的频度来表示某一地区的地震活动的程度,称为地震活动性。它是地震预报中的重要测震学指标。

根据统计结果,地震频度 N 与震级 M 之间有下列关系:

$$\lg N = a - bM \tag{1.5}$$

式中　a、b——常数。

式(1.5)就是 G - R(Gutenberg - Richter)公式,它是对地震活动性的定量描述。对于某局部地区而言,a、b 值是不同的。后来,地震学家发现,对任一地区的地震活动,只要有足够的样本,该统计关系成立。

Uppsala 地震研究所用 1918—1964 年共 47 年的资料统计的全球地震频度曲线[图 1.9(a)],拟合方程为

$$\lg N = 10.40 - 1.15M \tag{1.6}$$

宇津德治(日)1965—1974 年的资料统计结果[图 1.9(b)]拟合方程为

$$\lg N = 7.38 - 0.936M$$

1976 年 7 月 28 日 7.8 级唐山地震的统计结果为

$$\lg N = 5.24 - 0.69M$$

其统计表见表 1.3,统计图见图 1.10。

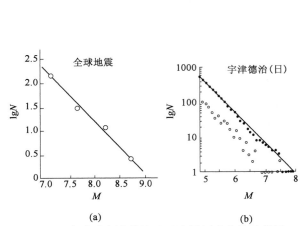

图 1.9　全球及宇津德治地区地震频度曲线示意图

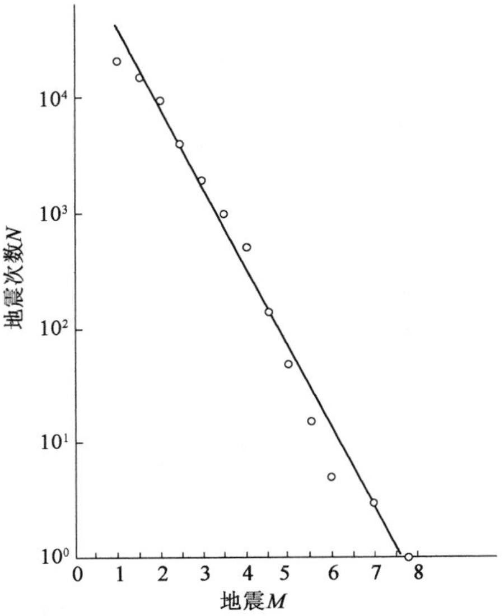

图 1.10　唐山地区地震震级与地震频度关系示意图

表 1.3　唐山地区地震震级与地震频度分布关系

震级区间 M	1.0～1.9	2.0～2.9	2.0～3.9	4.0～4.9	5.0～5.9	6.0～6.9	7.0～7.9
次数 N	12290	5387	933	279	25	3	2

1.6.2　地理分布

地球表面上地震震中的空间分布称为地震的地理分布。

大多数地震都发生在一定的地区且成带状分布,称为地震活动带。地震带的分布存在明显的规律性。

1.6.2.1　全球的地震带分布

环太平洋地震带:位于太平洋边缘地区,即海洋构造和大陆构造的过渡地区。全球 80% 的浅源地震、许多中源地震和差不多的深源地震都发生在这一带,包括大部分灾难性地震。

欧亚地震带:沿欧亚大陆南部展布。欧亚地震带内也常发生破坏性地震及少数深源地震。我国的大部分地区处于此地震带内。它是最宽的地震带。

海岭地震带:几乎包括全部海岭构造地区,沿洋中脊展布,又称为洋中脊地震带。它是最长的地震带。相对于前两个地震带,这是个次要地震带。

图 1.11 为 1990—2012 年全球 5.0 级及以上地震震中分布图。由图可见,全球绝大多数地震都发生在板块边界上,如喜马拉雅山地区的地震就是印度板块和欧亚板块碰撞的结果。洋中脊是海洋扩张的发源地,是一个重要的板块边界。一些地方尽管现在已经不再是板块的边界,但它曾经是历史上的板块边界,所以还"残留"着地震活动。科学家认为中国大陆的很多地震,也发生在历史上(比如亿年前的)板块边界上。

1.6.2.2　我国地震带的分布

我国是个多地震的国家,根据全国震中的分布和地质构造特征可划出 23 个强震活动带(图 1.12)。

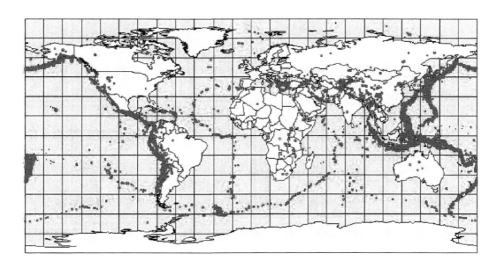

图 1.11 1990—2012 年全球 5.0 级以上地震震中分布示意图

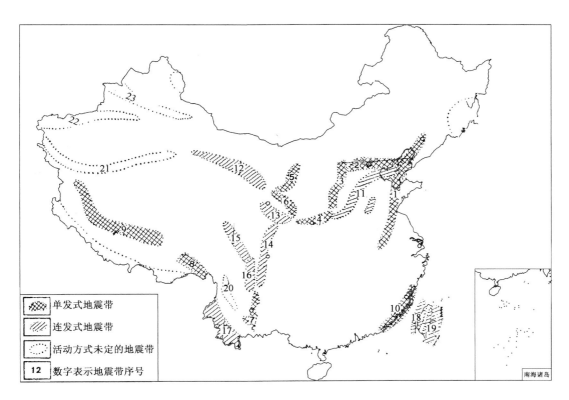

图 1.12 我国地震活动带的分布图

[底图审图号:GS(2016)1570 号]

单发式地震带:1—郝城—庐江带;2—燕山带;3—山西带;4—渭河平原带;5—银川带;6—六盘山带;7—滇东带;
8—西藏察隅带;9—西藏中部带;10—东南沿海带

连发式地震带:11—河北平原带;12—河西走廊带;13—天水—兰州带;14—武都—马边带;15—康定—甘孜带;
16—安宁河谷带;17—腾冲—澜沧带;18—台湾西部带;19—台湾东部带活动方式未定的地震带;
20—滇西带;21—塔里木南缘带;22—南天山带;23—北天山带

思 考 题

1. www.iris.edu 为全球地震研究人员和学生提供免费的最新全球地震数据的波形数据及相关波形记录处理软件。尝试在此网站下载 2008 年 5 月 12 日中国汶川 8.0 级地震在拉萨（Lhasa）台的地震记录。

2. 何谓地震频度？分析地震频度、震级及地震波能量之间的关系。

3. Gutenberg – Richter 震级 – 频度公式为 $\lg N = a - bM$，M 为地震震级，N 为一定时期内震级大于等于 M 的地震频度。

（1）请用下表数据验证该关系，估计相应的 b 值。

地震震级	每年地震数	地震波能量释放，10^{15} J/a
≥8.0	0 ~ 2	0 ~ 1000
7 ~ 7.9	12	100
6 ~ 6.9	110	30
5 ~ 5.9	1400	5
4 ~ 4.9	13500	1
3 ~ 3.9	>100000	0.2

（2）推导当 N 为震级 $= M$ 的地震频度时上述关系式是否成立，相应 a、b 值将如何变化？

（3）假定某一地区 $a = 6.7$，$b = 0.9$，估计该地区所能发生的最大震级。

3. 什么是地震烈度？评定地震烈度的主要标志有哪些？

4. 试用地震球动力学的观点简述全球地震带的分布。

5. 什么是宏观震中？什么是微观震中？二者有什么区别？

6. 试分析地震强度与地震烈度之间的关系。

2 弹性力学基础和地震波

地震或爆炸除在震源附近很小的区域内可能产生永久性形变外,这种震源所激发的波传播到其他广泛区域的地面震动被地震仪记录,成了地震学研究震源和地球介质结构的最基础的资料——地震图。这种波或震动涉及小弹性形变,是弹性力学的研究对象,波动方程就是对弹性介质中扰动激发和传播规律的数学表达。

在地震波传播的理论中,一般对地球介质作各向同性、均匀和完全弹性的假设。一般岩石作为结晶体是各向异性的,但晶体的限度远较地震波波长小。在地震波波长长度内,结晶体有各种取向,考虑统计效果,对地震波传播来说,可将地球介质看作各向同性的。在地球内不同的地层中,岩石性质不同,但同一地层中(地表层除外)由于地震波的波长很长,岩石的不均匀性对地震波的传播不起作用。由于地震波传播速度较快,通过介质时,对介质的作用时间很短,介质的非弹性性质尚未表现出来,可将地球介质看作完全弹性体。

现代地震学的研究问题之一是探讨地球内部的精细结构,而实际的地球介质是复杂的,普遍表现为各向异性,最简单的是分层均匀、轴对称及球对称等。通过对地震各向异性特征研究可以了解有关岩石矿物的内部结构及裂隙裂缝发育情况和应力场的分布。

本章主要介绍波动方程的建立及其解,并说明它们的物理特征,最后简略介绍各向异性介质弹性波波动方程以及一些常见的各向异性介质。

2.1 应力应变关系

2.1.1 应力

弹性理论中,我们先考虑两种力,即体力和面力。

如图 2.1,体力 f 定义为介质中单位质量受的力,那么,单位体积的体力为 ρf,则体积为 $\mathrm{d}V$ 介质受的力为 $\rho f \mathrm{d}V$,积分得作用在体积 V 上的力为

$$\int_V \rho f \mathrm{d}V$$

例如,重力引起的体力为 $\rho f = \rho g$(方向向下)。

面力是分布在介质的内表面或外表面上的力,定义单位面积的力为 f_s,则作用在微元 $\mathrm{d}S$ 面上的力为 $f_s \mathrm{d}S$。

如图 2.1 所示,考虑一个平衡变形弹性体,P 点面元 $\mathrm{d}S$ 分正负两个面,单位法向矢量 n ($|n| = 1$)从"$-$"指向"$+$"方向,该弹性体 $\mathrm{d}S$"$-$"向受的力记为 F_-,"$+$"向受力记为 F_+,也就是 $F_+ + F_- = 0$。

P 点面元 $\mathrm{d}S$ 正向的应力定义为

$$f_n = \lim_{\mathrm{d}S \to 0} \frac{F_+}{\mathrm{d}S}$$

其中 f_n 是矢量。

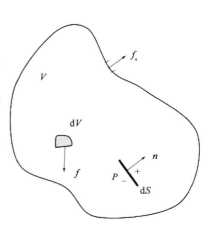

图 2.1 体力、面力示意图

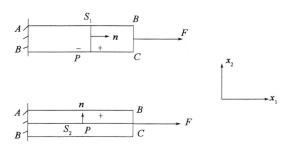

图 2.2　忽略体力条件下弹性体内点 P 的
应力分析示意图

单位面积的力,称为应力。

采用笛卡儿坐标系 (x_1, x_2, x_3),应力 $\boldsymbol{f}_n$ 在三方向的分量分别为 f_{1n}、f_{2n}、f_{3n},这里 $\boldsymbol{f}_n$ 是 P 点的位置和单位法向矢量 $\boldsymbol{n}$ 的函数。

如图 2.2 所示,一端 AB 固定的弹性横梁,在另一端 BC 面 S_1 上有一均匀作用力 $\boldsymbol{F}$。考虑 P 点的应力,如图 2.2(a)所示,P 点 S_1 面上的应力(方向与横梁垂直)为

$$(f_{1n}, f_{2n}) = (F/S_1, 0)$$

图 2.2(b)中,考虑平行于横梁的面 S_2,假设我们沿 S_2 分成两部分,横梁仍然处于平衡状态,也是就说没有力作用在 S_2 面上,因此

$$(f_{1n}, f_{2n}) = (0, 0)$$

为了简化,我们考虑二维应力张量。如图 2.3 所示,物体在 x_3 方向无限延伸,垂直于纸面。考虑垂直于 x_1 的面元 $\mathrm{d}S_1$,沿 x_1 正方向的面记为 M_+,负方向记为 M_-,如图 2.4 所示,σ_{11}、σ_{21} 分别表示作用 $\mathrm{d}S_1$、M_+ 面上 x_1 和 x_2 上的应力分量,$-\sigma_{11}$、$-\sigma_{21}$ 表示 $\mathrm{d}S_1$、M_- 面上 x_1 和 x_2 上的应力分量。第一个下标表示截面元上应力分量方向,第二个下标表示截面元的法向矢量方向。那么,曲面法向 j、坐标轴 i 方向的应力分量可以简单地表示为 σ_{ij},这里 $i, j = 1, 2, 3$。

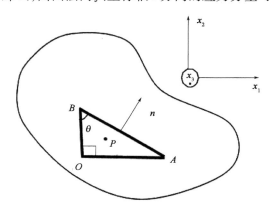

图 2.3　忽略体力条件下平衡状态下
无限小三角形横梁受力分析

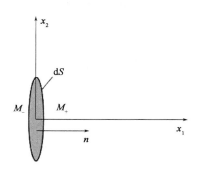

图 2.4　面元上应力描述示意图

考虑一个横截面积无限小三角形横梁 BOA,如图 2.3 所示,n_1 为 $\boldsymbol{n}$ 的 x_1 方向的分量,$n_1 = \cos\theta$;n_2 为 $\boldsymbol{n}$ 的 x_2 方向的分量,$n_2 = \sin\theta$;σ_{1n} 为作用在 AB 面上的应力在 x_1 方向的应力分量;σ_{2n} 为作用在 AB 面上的应力在 x_2 方向的应力分量;S 为 AB 面的面积;S_1 为 OB 面的面积;S_2 为 OA 面的面积。这样作用在三角形横梁 BOA 上的力如表 2.1 所示,应力分析如下:

平衡状态下,合力为零。因为 $S_1 = S\cos\theta = Sn_1$,$S_2 = S\sin\theta = Sn_2$,得到

$$\begin{aligned} \sigma_{1n} &= \sigma_{11}n_1 + \sigma_{12}n_2 \\ \sigma_{2n} &= \sigma_{21}n_1 + \sigma_{22}n_2 \end{aligned} \tag{2.1}$$

或用矩阵表示为

$$\begin{pmatrix} \sigma_{1n} \\ \sigma_{2n} \end{pmatrix} = \begin{pmatrix} \sigma_{11} & \sigma_{12} \\ \sigma_{21} & \sigma_{22} \end{pmatrix} \begin{pmatrix} n_1 \\ n_2 \end{pmatrix} \tag{2.2}$$

表 2.1 应力分析

	x_1 分量	x_2 分量
S_1	$-\sigma_{11}S_1$	$\sigma_{21}S_1$
S_2	$-\sigma_{12}S_2$	$-\sigma_{22}S_2$
S	$\sigma_{1n}S_1$	$-\sigma_{2n}S$
合力	$-\sigma_{11}S_1-\sigma_{12}S_2+\sigma_{1n}S$	$-\sigma_{21}S_1-\sigma_{22}S_2+\sigma_{2n}S$

考虑 P 点无限小的方形,如图 2.6 所示,平衡状态下,P 点应力为零,因此

$$\sigma_{12} = \sigma_{21} \tag{2.3}$$

同理,三维中 P 点 $\mathrm{d}S$ 面上的应力分量为

$$\begin{pmatrix} \sigma_{1n} \\ \sigma_{2n} \\ \sigma_{3n} \end{pmatrix} = \begin{pmatrix} \sigma_{11} & \sigma_{12} & \sigma_{13} \\ \sigma_{21} & \sigma_{22} & \sigma_{23} \\ \sigma_{31} & \sigma_{32} & \sigma_{33} \end{pmatrix} \begin{pmatrix} n_1 \\ n_2 \\ n_3 \end{pmatrix} \tag{2.4}$$

这里,$\sigma_{ij}=\sigma_{ji}$,$\sigma_{in}(i=1,2,3)$ 表示作用在 P 点 $\mathrm{d}S$ 面(面法向为 $\boldsymbol{n}$)上的应力在 x_1、x_2 和 x_3 轴上的分量。这里应力张量为

$$\sigma_{ij} = \begin{pmatrix} \sigma_{11} & \sigma_{12} & \sigma_{13} \\ \sigma_{21} & \sigma_{22} & \sigma_{23} \\ \sigma_{31} & \sigma_{32} & \sigma_{33} \end{pmatrix} \tag{2.5}$$

由 9 个元素组成的应力张量完全表达了介质中的面力。因为固体处于静力平衡状态,所以没有因剪应力作用而产生的净扭转,故应力张量是对称的,即 $\sigma_{ij}=\sigma_{ji}$。因为对称性,应力张量仅有 6 个独立的元素。已知 P 点的应力张量 $\boldsymbol{\sigma}$,利用方程(2.4)可以计算 P 点法向为 $\boldsymbol{n}$ 的面元上的应力。

如图 2.7 所示,将作用在 $\mathrm{d}S$ 面上的力分解成两个分量,σ_{nn} 为平行于面的法向 $\boldsymbol{n}$ 的应力,称为正应力;σ_{nt} 为垂直于面的法向 $\boldsymbol{n}$ 的应力,称为切应力。一般来说,$\sigma_{nn}\neq0$ 和 $\sigma_{nt}\neq0$。

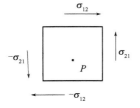

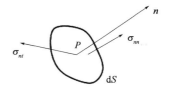

图 2.6 平衡状态下 P 点无限小的
方形体切应力分析

图 2.7 应力的分解示意图

在 P 点,选择一个直角坐标系 (x_1',x_2',x_3'),使 $\sigma_{i'j'}=0(i'\neq j')$,新坐标系下 $\sigma_{i'j'}$ 是对角矩阵,非零元素 $\sigma_{1'1'}$,$\sigma_{2'2'}$ 和 $\sigma_{3'3'}$ 叫主应力,而 x_1'、x_2' 和 x_3' 叫主应力轴。显然,$\sigma_{1'1'}+\sigma_{2'2'}+\sigma_{3'3'}=\sigma_{11}+\sigma_{22}+\sigma_{33}$。

用主应力表示的应力张量为

$$\begin{pmatrix} \sigma_1 & 0 & 0 \\ 0 & \sigma_2 & 0 \\ 0 & 0 & \sigma_3 \end{pmatrix}$$

一般 $|\sigma_1| > |\sigma_2| > |\sigma_3|$，分别为最大主应力、中间主应力和最小主应力。

各向同性岩石静水压或平均应力定义为

$$p = (\sigma_{11} + \sigma_{22} + \sigma_{33})/3$$

偏应力是指偏离静水压并引起形变的应力。P 点的应力状态与静水压和偏应力的关系如下：

$$\begin{pmatrix} \sigma_{11} & \sigma_{12} & \sigma_{13} \\ \sigma_{21} & \sigma_{22} & \sigma_{23} \\ \sigma_{31} & \sigma_{32} & \sigma_{33} \end{pmatrix} = \begin{pmatrix} p & 0 & 0 \\ 0 & p & 0 \\ 0 & 0 & p \end{pmatrix} + \begin{pmatrix} \sigma_{11} - p & \sigma_{12} & \sigma_{13} \\ \sigma_{21} & \sigma_{22} - p & \sigma_{23} \\ \sigma_{31} & \sigma_{32} & \sigma_{33} - p \end{pmatrix}$$

库伦认为，岩石抵抗剪切破坏的能力不仅同作用在截面上的剪应力有关，而且还与作用于该截面上的正应力有关。设发生剪裂的临界剪应力为 τ，有如下关系：

$$\tau = \tau_0 + \mu\sigma_n \tag{2.6}$$

式中　σ_n——作用于剪切面上的正应力；

　　　τ_0——$\sigma_n = 0$ 时的岩石抗剪强度，也称为岩石内聚力，对于一种岩石而言是一个常数；

　　　μ——内摩擦系数，即为式(2.6)所代表的直线的斜率，如图2.8所示。

式(2.6)也可写成

$$\tau = \tau_0 + \sigma_n \cdot \tan\varphi$$

其中

$$\tan\varphi = \mu \tag{2.7}$$

式中　φ——内摩擦角。

在莫尔应力圆图解中，式(2.7)为两条与岩石破裂时的极限应力圆相切的两条直线，称为剪切破裂线(图2.8)。两个切点代表了共轭剪裂面的方位和应力状态。由图中可知，岩石发生剪裂时，剪裂面与最大主应力 σ_1 的夹角为 θ：

$$2\theta = 90° - \varphi$$
$$\theta = 45° - \varphi/2 \tag{2.8}$$

由此可见，剪裂角大小取决于岩石变形时内摩擦角的大小。实验表明，许多岩石的剪裂角在30°左右。

2.1.2　应变

连续介质的位移包括刚体的平移、旋转和变形，在弹性理论中，主要考虑介质的变形。

如图2.9所示，P 和 Q 两点的距离为 $\mathrm{d}x$，两点的位移分别为 $\boldsymbol{u}$ 和 $\boldsymbol{u} + \mathrm{d}\boldsymbol{u}$。

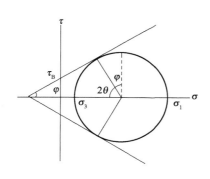

图2.8　库伦剪切破裂准则

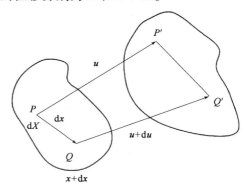

图2.9　连续介质相邻 P、Q 点分别位移至 P'、Q' 两点新位置

如果 $u = u + \mathrm{d}u$，即 $\mathrm{d}u = 0$，这样 u 仅表示刚体的平移，$\mathrm{d}u$ 表示旋转和变形，因此

$$
\begin{pmatrix} \mathrm{d}u_1 \\ \mathrm{d}u_2 \\ \mathrm{d}u_3 \end{pmatrix} = \begin{pmatrix} \dfrac{\partial u_1}{\partial x_1} & \dfrac{\partial u_1}{\partial x_2} & \dfrac{\partial u_1}{\partial x_3} \\[2mm] \dfrac{\partial u_2}{\partial x_1} & \dfrac{\partial u_2}{\partial x_2} & \dfrac{\partial u_2}{\partial x_3} \\[2mm] \dfrac{\partial u_3}{\partial x_1} & \dfrac{\partial u_3}{\partial x_2} & \dfrac{\partial u_3}{\partial x_3} \end{pmatrix} \begin{pmatrix} \mathrm{d}x_1 \\ \mathrm{d}x_2 \\ \mathrm{d}x_3 \end{pmatrix} \tag{2.9}
$$

令

$$
J = \begin{pmatrix} \dfrac{\partial u_1}{\partial x_1} & \dfrac{\partial u_1}{\partial x_2} & \dfrac{\partial u_1}{\partial x_3} \\[2mm] \dfrac{\partial u_2}{\partial x_1} & \dfrac{\partial u_2}{\partial x_2} & \dfrac{\partial u_2}{\partial x_3} \\[2mm] \dfrac{\partial u_3}{\partial x_1} & \dfrac{\partial u_3}{\partial x_2} & \dfrac{\partial u_3}{\partial x_3} \end{pmatrix} \tag{2.10}
$$

可以把矩阵 J 分成对称和反对称部分，把刚性旋转部分离出来：

$$
J = \begin{pmatrix} \dfrac{\partial u_1}{\partial x_1} & \dfrac{\partial u_1}{\partial x_2} & \dfrac{\partial u_1}{\partial x_3} \\[2mm] \dfrac{\partial u_2}{\partial x_1} & \dfrac{\partial u_2}{\partial x_2} & \dfrac{\partial u_2}{\partial x_3} \\[2mm] \dfrac{\partial u_3}{\partial x_1} & \dfrac{\partial u_3}{\partial x_2} & \dfrac{\partial u_3}{\partial x_3} \end{pmatrix} = e + \Omega \tag{2.11}
$$

这里应变张量 e 是对称的（$e_{ij} = e_{ji}$），可表达为

$$
e = \begin{pmatrix} \dfrac{\partial u_1}{\partial x_1} & \dfrac{1}{2}\left(\dfrac{\partial u_1}{\partial x_2} + \dfrac{\partial u_2}{\partial x_1}\right) & \dfrac{1}{2}\left(\dfrac{\partial u_1}{\partial x_3} + \dfrac{\partial u_3}{\partial x_1}\right) \\[3mm] \dfrac{1}{2}\left(\dfrac{\partial u_2}{\partial x_1} + \dfrac{\partial u_1}{\partial x_2}\right) & \dfrac{\partial u_2}{\partial x_2} & \dfrac{1}{2}\left(\dfrac{\partial u_2}{\partial x_3} + \dfrac{\partial u_3}{\partial x_2}\right) \\[3mm] \dfrac{1}{2}\left(\dfrac{\partial u_3}{\partial x_1} + \dfrac{\partial u_1}{\partial x_3}\right) & \dfrac{1}{2}\left(\dfrac{\partial u_3}{\partial x_2} + \dfrac{\partial u_2}{\partial x_3}\right) & \dfrac{\partial u_3}{\partial x_3} \end{pmatrix} \tag{2.12}
$$

这里旋转张量 Ω 是反对称的，可表达为

$$
\Omega = \begin{pmatrix} 0 & \dfrac{1}{2}\left(\dfrac{\partial u_1}{\partial x_2} - \dfrac{\partial u_2}{\partial x_1}\right) & \dfrac{1}{2}\left(\dfrac{\partial u_1}{\partial x_3} - \dfrac{\partial u_3}{\partial x_1}\right) \\[3mm] -\dfrac{1}{2}\left(\dfrac{\partial u_1}{\partial x_2} - \dfrac{\partial u_2}{\partial x_1}\right) & 0 & \dfrac{1}{2}\left(\dfrac{\partial u_2}{\partial x_3} - \dfrac{\partial u_3}{\partial x_2}\right) \\[3mm] -\dfrac{1}{2}\left(\dfrac{\partial u_1}{\partial x_3} - \dfrac{\partial u_3}{\partial x_1}\right) & -\dfrac{1}{2}\left(\dfrac{\partial u_2}{\partial x_3} - \dfrac{\partial u_3}{\partial x_2}\right) & 0 \end{pmatrix} \tag{2.13}
$$

应变张量可以写成

$$
e = \begin{pmatrix} e_{11} & e_{12} & e_{13} \\ e_{21} & e_{22} & e_{23} \\ e_{31} & e_{32} & e_{33} \end{pmatrix} \tag{2.14}
$$

如果应变张量中仅 $e_{11} \neq -0$，即

$$\begin{pmatrix} \mathrm{d}u_1 \\ \mathrm{d}u_2 \\ \mathrm{d}u_3 \end{pmatrix} = \begin{pmatrix} e_1 & 0 & 0 \\ 0 & 0 & 0 \\ 0 & 0 & 0 \end{pmatrix} \begin{pmatrix} \mathrm{d}x_1 \\ \mathrm{d}x_2 \\ \mathrm{d}x_3 \end{pmatrix} \tag{2.15}$$

那么有 $\qquad \mathrm{d}u_1 = e_{11}\mathrm{d}x_1, \mathrm{d}u_2 = 0, \mathrm{d}u_3 = 0$

这意味着在 x_1 方向，微元 $\mathrm{d}x_1$ 变形量为 $\mathrm{d}u_1 = e_{11}\mathrm{d}x_1$，因此表示在 x_1 方向单位长度的伸展量（$-e_{11}$ 表示压缩量）。

如果应变张量中仅 $e_{12} \neq 0$ 和 $e_{21} \neq 0$，则

$$\begin{pmatrix} \mathrm{d}u_1 \\ \mathrm{d}u_2 \\ \mathrm{d}u_3 \end{pmatrix} = \begin{pmatrix} 0 & e_{12} & 0 \\ e_{21} & 0 & 0 \\ 0 & 0 & 0 \end{pmatrix} \begin{pmatrix} \mathrm{d}x_1 \\ \mathrm{d}x_2 \\ \mathrm{d}x_3 \end{pmatrix} \tag{2.16}$$

即 $\qquad \mathrm{d}u_1 = e_{21}\mathrm{d}x_2, \mathrm{d}u_2 = e_{21}\mathrm{d}x_1, \mathrm{d}u_3 = 0$

如图 2.10 所示，x_1 和 x_2 轴之间的夹角通常为 $\pi/2$，变形后变成 $\theta = \pi/2 - 2e_{12}$，这样 e_{12} 等于 x_1 和 x_2 轴之间的夹角变化的一半，称为切应变，它是每边旋转的角度（弧度，不是度数！）。

应变张量中 e_{11}、e_{22} 和 e_{33} 表示伸展或压缩，称为正应变；e_{12}、e_{13} 和 e_{23} 表示剪切，称为切应变。

旋转张量 $\boldsymbol{\Omega}$ 可以写为

$$\boldsymbol{\Omega} = \begin{pmatrix} 0 & -\omega_3 & \omega_2 \\ \omega_3 & 0 & -\omega_1 \\ -\omega_2 & \omega_1 & 0 \end{pmatrix} \tag{2.17}$$

旋转张量中当 $\omega_1 = \omega_2 = 0$，$\omega_3 \neq 0$ 时，那么有

$$\begin{pmatrix} \mathrm{d}u_1 \\ \mathrm{d}u_2 \\ \mathrm{d}u_3 \end{pmatrix} = \begin{pmatrix} 0 & -\omega_3 & \omega_2 \\ \omega_3 & 0 & -\omega_1 \\ -\omega_2 & \omega_1 & 0 \end{pmatrix} \begin{pmatrix} \mathrm{d}x_1 \\ \mathrm{d}x_2 \\ \mathrm{d}x_3 \end{pmatrix} \tag{2.18}$$

即 $\qquad \mathrm{d}u_1 = -\omega_3\mathrm{d}x_2, \mathrm{d}u_2 = \omega_3\mathrm{d}x_2, \mathrm{d}u_3 = 0$

如图 2.11 所示，位移表示绕 x_3 轴逆时针旋转 ω_3。

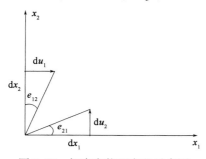 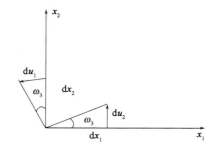

图 2.10　切应变物理意义示意图　　　　图 2.11　旋转量物理意义示意图

图 2.12 用 x 与 z 平面的正方形图解说明应变张量 e 和旋转张量 $\boldsymbol{\Omega}$ 的不同效应。e 的非对角线元素形成了剪应变（左边的正方形），而 $\boldsymbol{\Omega}$ 形成了刚性旋转（右边的正方的）。相对于有效无限小应变理论，这里所标的变形是人为显著放大了。

2.1.3　广义胡克定律

在弹性介质中，应力和应变关系的数学表达式称为本构关系或本构方程。应力张量和应

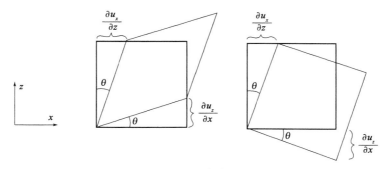

图 2.12　应变张量和旋转张量图解说明

变张量之间最一般的线性关系可以写成

$$\sigma_{ij} = c_{ijkl}e_{kl} \tag{2.19}$$

这里 c_{ijkl} 称为弹性张量，e_{kl} 称为介质的弹性模量。

　　虽然从万年以上的长时间尺度上看，地球介质性质表现出一定的流变性，但在地震波传播问题这类涉及短时间尺度变化的分析中，地球介质是可以用线弹性体很好地近似的。地球介质中应力张量与应变张量的关系遵循式（2.19）描述的线性本构方程，式中的系数 c_{ijkl} 有 $3 \times 3 \times 3 \times 3 = 81$ 个，构成一个四阶的弹性系数张量。将应变张量与应力张量的对称性表达式 $e_{ij} = e_{ji}$ 和 $\sigma_{ij} = \sigma_{ji}$ 代入式（2-19），易得到

$$c_{ijkl} = c_{jikl} = c_{ijlk} = c_{jilk} \tag{2.20}$$

则 81 个弹性系数中只有 36 个是独立的。由于弹性能量是应变的单值函数，故 $c_{ijkl} = c_{klji}$，所以描述一般各向异性介质，独立弹性系数将进一步减少至 21 个。从大的空间尺度上考虑，地球介质的力学性质可以近似为各向同性的。弹性力学理论指出，各向同性介质的弹性系数张量可以进一步简化由 2 个独立的弹性模量。

　　考虑一个弹性平衡六面体，如图 2.13 所示，在 x_1 方向正应力为 σ_{11}，在线性理论中，正应变 e_{11} 与 σ_{11} 成正比：

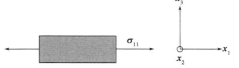

图 2.13　弹性平衡六面体正应力示意图

$$e_{11} = \frac{1}{E}\sigma_{11} \tag{2.21}$$

式中　E——杨氏模量。

　　注意，正应变 e_{11} 无量纲，杨氏模量的量纲是应力的量纲。在这种力的作用下，x_2 和 x_3 方向的压缩量正比于 e_{11}，因为介质是各向同性的，所以

$$e_{22} = -\nu e_{11} = -\frac{\nu}{E}\sigma_{11}, \quad e_{33} = -\nu e_{11} = -\frac{\nu}{E}\sigma_{11} \tag{2.22}$$

式中　ν——泊松比。

　　如果在 x_1、x_2 和 x_3 方向同时作用应力 σ_{11}、σ_{22} 和 σ_{33}，那么叠加

$$\begin{cases} e_{11} = \dfrac{\sigma_{11}}{E} - \dfrac{\nu}{E}(\sigma_{22} + \sigma_{33}) \\[2mm] e_{22} = \dfrac{\sigma_{22}}{E} - \dfrac{\nu}{E}(\sigma_{11} + \sigma_{33}) \\[2mm] e_{33} = \dfrac{\sigma_{33}}{E} - \dfrac{\nu}{E}(\sigma_{11} + \sigma_{22}) \end{cases} \tag{2.23}$$

以上三式相加,得到

$$\Delta = \frac{1-2\nu}{E}\Sigma \qquad (2.24)$$

其中
$$\Delta = e_{11} + e_{22} + e_{33}, \Sigma = \sigma_{11} + \sigma_{22} + \sigma_{33} \qquad (2.25)$$

式中　Δ——体应变。

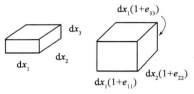

图 2.14　微元平行六面体的变形前
后示意图

如图 2.14 所示,变形的微元平行六面体,变形前微元的
体积为 $V_0 = \mathrm{d}x_1\mathrm{d}x_2\mathrm{d}x_3$,变形后的体积变为
$$V_0 = (1+e_{11})\mathrm{d}x_1(1+e_{22})\mathrm{d}x_2(1+e_{33})\mathrm{d}x_3$$
体积的变化为　$\mathrm{d}V = V - V_0 = V_0(e_{11} + e_{22} + e_{33})$

因此
$$\Delta = \mathrm{d}V/V_0 \qquad (2.26)$$

式中　Δ——体积的相对变化,称为体应变或膨胀。

如果 $\sigma_{11} = \sigma_{22} = \sigma_{33} = \sigma$,从式(2.24)可以得到

$$\sigma = \frac{E}{3(1-2\nu)}\Delta = k\Delta \qquad (2.27)$$

这里
$$k = \frac{E}{3(1-2\nu)} \qquad (2.28)$$

称为膨胀模量或不可压缩性模量。

将式(2.24)带入式(2.20),解出 σ_{11}、σ_{22} 和 σ_{33},得到

$$\begin{cases} \sigma_{11} = \dfrac{\nu E}{(1-2\nu)(1+\nu)}\Delta + \dfrac{E}{1+\nu}e_{11} \\[2mm] \sigma_{22} = \dfrac{\nu E}{(1-2\nu)(1+\nu)}\Delta + \dfrac{E}{1+\nu}e_{22} \\[2mm] \sigma_{33} = \dfrac{\nu E}{(1-2\nu)(1+\nu)}\Delta + \dfrac{E}{1+\nu}e_{33} \end{cases} \qquad (2.29)$$

引入拉梅常数 λ 和 μ:

$$\lambda = \frac{\nu E}{(1-2\nu)(1+\nu)} \qquad (2.30)$$

$$\mu = \frac{E}{1+\nu} \qquad (2.31)$$

那么
$$\begin{cases} \sigma_{11} = \lambda\Delta + \mu e_{11} \\ \sigma_{22} = \lambda\Delta + \mu e_{22} \\ \sigma_{33} = \lambda\Delta + \mu e_{33} \end{cases} \qquad (2.32)$$

下面分析切应力和切应变。

如图 2.15 所示,切应力 σ_{12} 引起切应变 e_{12}:
$$\sigma_{12} = 2Ge_{12}$$

式中　G——剪切模量。

类似地,有
$$\sigma_{13} = 2Ge_{13}, \sigma_{23} = 2Ge_{23}$$

G 等于拉梅常数 μ,因此
$$\sigma_{12} = 2\mu e_{12}$$
$$\sigma_{13} = 2\mu e_{13}$$

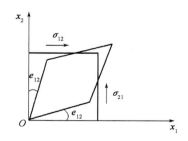

图 2.15　切应变示意图

$$\sigma_{23} = 2\mu e_{23} \tag{2.33}$$

在各向同性介质中,式(2.32)和式(2.33)合并写为

$$\sigma_{ij} = \lambda\Delta\delta_{ij} + 2\mu e_{ij} \tag{2.34}$$

式中　λ、μ——介质的拉梅参数;

　　　　δ_{ij}——克罗内克符号(当 $i=j$ 时,$\delta_{ij}=1$;当 $i\neq j$ 时,$\delta_{ij}=0$)。

由此将看到,拉梅参数及介质的密度将最终确定介质的地震波速度。对大量破坏性地震断层破裂现场调查研究表明,构造应力作用下,地壳所能承受的最大剪应变不超过 10^{-4},大多数地震是在断层应变达到 $10^{-5}\sim10^{-4}$ 时发生的破裂。小形变时,地球介质力学性质接近线弹性体,因此应用线弹性理论研究震源、地震波的传播是合适的。为使问题简化,本书以后各章节,如无特殊申明,所涉及的问题是小形变问题,地球介质是线弹性、各向同性的。

注意,尽管引入了 5 个弹性常数 E、ν、k、λ 和 μ,仅有 2 个是独立的。

如果选择 λ 和 μ 作为基本量,则

$$\nu = \frac{\lambda}{2(\lambda+\mu)}, E = \frac{(3\lambda+2\mu)\mu}{\lambda+\mu}, k = \lambda + \frac{2}{3}\mu \tag{2.35}$$

矢量分析中的关系(some relations in vector analysis)介绍如下。

(1)梯度 $\text{grad}\phi$:

$$\text{grad}\phi = \nabla\varphi = \left(\frac{\partial\phi}{\partial x_1}, \frac{\partial\phi}{\partial x_2}, \frac{\partial\phi}{\partial x_3}\right) \tag{2.36}$$

其中算子

$$\nabla \equiv \left(\frac{\partial}{\partial x_1}, \frac{\partial}{\partial x_2}, \frac{\partial}{\partial x_3}\right)$$

(2)散度 $\text{div}\boldsymbol{u}$:

$$\text{div}\boldsymbol{u} = \nabla\cdot\boldsymbol{u} = \left(\frac{\partial u_1}{\partial x_1} + \frac{\partial u_2}{\partial x_2} + \frac{\partial u_3}{\partial x_3}\right) \tag{2.37}$$

(3)旋度 $\text{curl}\boldsymbol{u}$

$$\nabla\times\boldsymbol{u} = \left(\frac{\partial u_3}{\partial x_2} - \frac{\partial u_2}{\partial x_3}, \frac{\partial u_1}{\partial x_3} - \frac{\partial u_3}{\partial x_1}, \frac{\partial u_2}{\partial x_1} - \frac{\partial u_1}{\partial x_2}\right) \tag{2.38}$$

(4)拉普拉斯算子 $\nabla^2\phi$ 是一个标量:

$$\nabla^2\phi = \frac{\partial^2\phi}{\partial x_1^2} + \frac{\partial^2\phi}{\partial x_2^2} + \frac{\partial^2\phi}{\partial x_3^2} \tag{2.39}$$

(5)矢量拉普拉斯(vector Laplacian)算子 $\nabla^2\boldsymbol{u}$ 为

$$\nabla^2\boldsymbol{u} = (\nabla^2 u_1, \nabla^2 u_2, \nabla^2 u_3) \tag{2.40}$$

(6)恒等式:

$$\nabla^2\boldsymbol{u} = \text{grad}\,\text{div}\boldsymbol{u} - \text{curl}\,\text{curl}\boldsymbol{u} = \nabla\nabla\cdot\boldsymbol{u} - \nabla\times\nabla\times\boldsymbol{u}$$

2.2　波动方程和地震波

弹性介质中,任一处产生一个扰动,该处质点发生一个小位移。由于介质的弹性性质,该处的运动会影响相邻点,扰动就会向周围传播。波动方程就是对弹性介质中扰动激发和传播规律的数学表达。

2.2.1　均匀弹性杆的一维波动方程

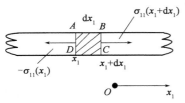

图 2.16　均匀弹性杆中质点
受力运动描述

现分析截面积为 S 的均匀弹性杆上、长度为 $\mathrm{d}x$ 的小质元受力运动情况，如图 2.16 所示。首先考虑横截面为 S 的一维弹性杆，弹性杆内部长度为 $\mathrm{d}x_1$ 的微元 $ABCD$ 的运动方程为

$$\rho S\mathrm{d}x_1\ddot{u}_1 = \rho f_1 S\mathrm{d}x_1 + \sigma_{11}(x_1+\mathrm{d}x_1)S - \sigma_{11}(x_1)S$$

式中　ρ——密度；

$\quad\quad u_1$——位移；

$\quad\quad f_1$——体力。

$\sigma_{11}(x_1+\mathrm{d}x_1)$ 在 x_1 点展开，保留一阶 $\mathrm{d}x_1$ 得到

$$\rho\ddot{u}_1 = \rho f_1 + \frac{\partial\sigma_{11}}{\partial x_1} \tag{2.41}$$

这是一维运动方程。

将胡克定律 $e_{11} = \dfrac{1}{E}\sigma_{11} = \dfrac{\partial u_1}{\partial x_1}$ 代入式（2.41），并忽略体力的影响，则得到一维均匀杆的波动方程：

$$\frac{\partial^2 u_1}{\partial t^2} = c^2\frac{\partial^2 u_1}{\partial x^2} \tag{2.42}$$

其中

$$c \equiv \sqrt{\frac{E}{\rho}}$$

式中　c——由弹性杆的杨氏模量 E 和密度 ρ 共同决定的物性参数。

式（2.42）就是熟知的振动在杆中传播的一维波动方程。该波动方程一般解的形式为

$$u_1(x,t) = f_1\left(t-\frac{x}{c}\right) + f_2\left(t+\frac{x}{c}\right) \tag{2.43}$$

式中　f——任意连续函数。

式（2.43）形式的解称为达朗贝尔（D'Alembert）解，即波动方程的行波解。$u(x,t) = f(t-x/c)$ 表示扰动以速度 c 向正 x 方向传播。波动方程的另一个一般解 $u(x,t) = f(t+x/c)$ 表达的也是扰动的传播，只是传播的方向为负 x 方向。

2.2.2　三维均匀介质中的波动方程

由一维运动方程容易得到三维运动方程：

$$\rho\ddot{u}_i = \rho f_i + \sum_{j=1}^{3}\frac{\partial\sigma_{ij}}{\partial x_j} \quad\quad (i=1,2,3) \tag{2.44}$$

利用应力应变本构关系，即 $\sigma_{ij} = \lambda\Delta\delta_{ij} + 2\mu e_{ij}(i=j,\delta_{ij}=1;i\neq j,\delta_{ij}=0)$ 和 $e_{ij} = \dfrac{1}{2}\left(\dfrac{\partial u_i}{\partial x_j} + \dfrac{\partial u_j}{\partial x_i}\right)$，得到三维位移表示的运动方程：

$$\rho\ddot{u}_i = \rho f_i + (\lambda+\mu)\frac{\partial\Delta}{\partial x_i} + \mu\nabla^2 u_i \tag{2.45}$$

矢量形式为

$$\rho\ddot{\boldsymbol{u}} = \rho\boldsymbol{f} + (\lambda+\mu)\mathrm{graddiv}\boldsymbol{u} + \mu\nabla^2\boldsymbol{u} \tag{2.46}$$

利用恒等式 $\nabla^2\boldsymbol{u} = \mathrm{graddiv}\boldsymbol{u} - \mathrm{curlcurl}\boldsymbol{u} = \nabla\nabla\cdot\boldsymbol{u} - \nabla\times\nabla\times\boldsymbol{u}$，则位移表示的运动方程又可以写为

$$\rho\ddot{\boldsymbol{u}} = \rho\boldsymbol{f} + (\lambda+2\mu)\mathrm{graddiv}\boldsymbol{u} - \mu\mathrm{curlcurl}\boldsymbol{u} \tag{2.47}$$

该方程对任意正交的坐标系均成立。

根据场论中斯托克斯(Stokes)变换,在无穷远处收敛的连续矢量场,总可以分解为两部分之和,一部分散度为零,另一部分旋度为零,则位移矢量场可表示为

$$\boldsymbol{u} = \boldsymbol{u}_{\beta} + \boldsymbol{u}_{\beta}, \text{且} \nabla \times \boldsymbol{u}_{\alpha} = 0, \nabla \cdot \boldsymbol{u}_{\beta} = 0 \tag{2.48}$$

对于无散场:

$$\rho \ddot{\boldsymbol{u}}_{\alpha} = \rho \boldsymbol{f} + (\lambda + 2\mu) \nabla^2 \boldsymbol{u}_{\alpha} \tag{2.49}$$

对于无旋场:

$$\rho \ddot{\boldsymbol{u}}_{\beta} = \rho \boldsymbol{f} + \mu \nabla^2 \boldsymbol{u}_{\beta} \tag{2.50}$$

忽略体力的作用,由方程(2.49)得到无旋场$\nabla \times \boldsymbol{u}_{\alpha} = 0$的波动方程:

$$\ddot{\boldsymbol{u}}_{\alpha} = \alpha^2 \nabla^2 \boldsymbol{u}_{\alpha} \tag{2.51}$$

其中

$$\alpha = \sqrt{\frac{\lambda + 2\mu}{\rho}} \tag{2.52}$$

对于无散场$\nabla \cdot \boldsymbol{u}_{\beta} = 0$,波动方程为

$$\rho \ddot{\boldsymbol{u}}_{\beta} = \beta^2 \nabla^2 \boldsymbol{u}_{\beta} \tag{2.53}$$

其中

$$\beta = \sqrt{\frac{\mu}{\rho}} \tag{2.54}$$

式(2.51)和式(2.52)表明,三维弹性介质中可以存在 2 种以不同速度传播的波,一种是以较快的速度α传播的无旋波,在地球内部传播的这种波通常称为 P 波,因为它首先到达记录台站;另一种是以较慢的速度β传播的无散波,经地球内部传播的这种波通常称为 S 波,因为这种波在地震记录图上通常是第二个到达的显著地震震相。

根据赫姆霍兹(Heimholtz)变换,位移场$\boldsymbol{u}$的势函数表达式为

$$\boldsymbol{u} = \boldsymbol{u}_{\alpha} + \boldsymbol{u}_{\beta}, \boldsymbol{u}_{\alpha} = \nabla \phi, \boldsymbol{u}_{\beta} = \nabla \times \boldsymbol{\psi} \tag{2.55}$$

代入三维波动方程(2.47),并略去不随空间变化的无意义的常数(忽略体力项),可以得到

$$\frac{\partial^2 \phi}{\partial t^2} = \alpha^2 \nabla^2 \phi \tag{2.56}$$

$$\frac{\partial^2 \boldsymbol{\psi}}{\partial t^2} = \beta^2 \nabla^2 \boldsymbol{\psi} \tag{2.57}$$

式中 ϕ、$\boldsymbol{\psi}$——P 波和 S 波的势函数。

由波的势函数很容易求出相应的位移场。在今后的学习中可知:引入波的势函数是理论地震学中一个重要的数学技巧,给我们将要学习的地震波理论的其他公式推导带来很大的方便。这里需要提醒大家的是:P 波的势函数ϕ是标量,而 S 波的势函数$\boldsymbol{\psi}$是矢量。

对于$\nu = 0.25$的固体,有$\lambda = \mu$,这种固体称为泊松固体。对泊松固体,有$\alpha = \sqrt{3}\beta$,即纵波传播速度大约是横波传播速度的 1.73 倍。不少地球固体介质的泊松比接近 0.25,有时可近似看成是泊松固体。对于流体,$\mu = 0$,$\nu = 0.5$。

P 波、S 波是地震记录图上最为显著的两个体波震相。由于 P 波与 S 波传播速度不同,它们可以由同一震源同时激发,但以不同的速度独立传播。P 波传播速度大约为 S 波的 1.73 倍,在地震图上 P 波比 S 波先到达,比较容易识别。

在介质中,P 波传播时,质团无转动运动,但有体积变化,故 P 波是一种无旋波;S 波传播时,质团有转动,但无体积变化,故 S 波是一种无散的等容波。证明如下:

用散度算子$\nabla \cdot$同时作用于三维波动方程(2.47)(忽略体力)的两边,则有

$$\rho \frac{\partial^2 \Delta}{\partial t^2} = (\lambda + 2\mu) \nabla^2 \Delta \qquad (2.58)$$

其中

$$\Delta = \nabla \cdot \boldsymbol{u}$$

式中 Δ——体应变。

由式(2.58)可见,体应变以 P 波的速度传播。

用旋度算子$\nabla \times$同时作用于三维波动方程(2.47)(忽略体力)两边,则有

$$\rho \frac{\partial^2 \boldsymbol{\omega}}{\partial t^2} = \mu \nabla^2 \boldsymbol{\omega} \qquad (2.59)$$

其中

$$\boldsymbol{\omega} = \nabla \times \boldsymbol{u}$$

式中 $\boldsymbol{\omega}$——位移场的旋度矢量。

由式(2.59)可见,旋度以 S 波的速度传播。

2.2.3 波动方程的解

首先,求三维均匀空间中波动方程的平面波解。无论是无旋场、无散场[方程(2.48)],还是势函数 ϕ 和 $\boldsymbol{\psi}$[方程(2.55)]表示的波动方程都以下形式:

$$\frac{\partial^2 f}{\partial t^2} = c^2 \nabla^2 f \qquad (2.60)$$

下面讨论该形式波动方程的解。

为方便求解,引入两个简单的独立的变量:

$$\begin{cases} \xi = t - \dfrac{1}{c}(x_1 n_1 + x_2 n_2 + x_3 n_3) \\[2mm] \eta = t + \dfrac{1}{c}(x_1 n_1 + x_2 n_2 + x_3 n_3) \end{cases} \qquad (2.61)$$

式中 n_1、n_2、n_3——单位矢量的方向余弦,且 $n_1^2 + n_2^2 + n_3^2 = 1$。

利用复合函数微分法,将 $f(x_1, x_2, x_3, t) = f(\xi, \eta)$ 代入波动方程(2.60),则波动方程变为

$$4 f_{\xi\eta} = 0$$

即

$$4 \frac{\partial^2 f}{\partial \xi \partial \eta} = 0$$

积分得

$$f = f_1(\xi) + f_2(\eta)$$

$$= f_1\left(t - \frac{x_1 n_1 + x_2 n_2 + x_3 n_3}{c} \right) + f_2\left(t + \frac{x_1 n_1 + x_2 n_2 + x_3 n_3}{c} \right)$$

令 $\boldsymbol{I} = n_1 \boldsymbol{e}_1 + n_2 \boldsymbol{e}_2 + n_3 \boldsymbol{e}_3$,$\boldsymbol{r} = x_1 \boldsymbol{e}_1 + x_2 \boldsymbol{e}_2 + x_3 \boldsymbol{e}_3$,则

$$f(\boldsymbol{r}, t) = f_1\left(t - \frac{\boldsymbol{I} \cdot \boldsymbol{r}}{c} \right) + f_2\left(t + \frac{\boldsymbol{I} \cdot \boldsymbol{r}}{c} \right) \qquad (2.62)$$

通常给定频率的简谐平面波可表示为

$$f(\boldsymbol{r}, t) = A(\omega) \mathrm{e}^{\mathrm{i}(\omega t - \boldsymbol{k} \cdot \boldsymbol{r})} \qquad (2.63)$$

或

$$f(x_j, t) = A(\omega) \mathrm{e}^{\mathrm{i}(\omega t - k_j x_j)} \qquad (2.64)$$

其中

$$k = \frac{\omega}{c}$$

$$k_j = \mathbf{k}n_j(j=1,2,3), k_j = \boldsymbol{\omega}/c_j$$

式中　$\mathbf{k}$——波矢量;

　　　k——波数。

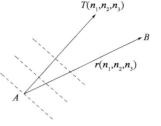

图 2.17　平面波传播示意图

无论是 P 波还是 S 波,其波数矢量的方向代表的是平面波的传播方向,因此波数矢量前只需取单一的"–"号。

对于波沿 x 方向传播的一维情况,波动方程的解为

$$f(x,t) = f_1\left(t - \frac{x}{c}\right) + f_2\left(t + \frac{x}{c}\right)$$

可以看出该解和式(2.43)表达的解一样,也是达朗贝尔(D'Alembert)形式解。对给定频率的简谐平面波,有

$$f(x,t) = A(\omega)\mathrm{e}^{\mathrm{i}(\omega t - k \cdot x)} \qquad (2.65)$$

式(2.63)、式(2.64)或式(2.65)显然包含有虚数项,但这并不意味着存在"虚波"。从物理上说,地面运动是实函数,不可以出现如式(2.63)、式(2.64)或式(2.65)表达的复数。实际上,在式(2.63)、式(2.64)或式(2.65)中代入边界条件和初始条件后,将发现所有复数均是以共轭的形式出现的,虚数项会相互抵消。为简便起见,以后波动方程的解,隐含只取其实部的含义,比如式(2.65)也可写成

$$f(x,t) = A(\omega)\cos(\omega t - kx) \qquad (2.65a)$$

或

$$f(x,t) = A(\omega)\sin(\omega t - kx) \qquad (2.65b)$$

以上是频率为 ω 的波动方程的基本解。由于弹性波动方程的线性,只需求其基本解,对不同频率的平面波作傅里叶叠加即可得到任意形式的平面波。一般而言,地震仪记录的地震波频带范围为 $0.0001 \sim 200\text{Hz}$,地震波的波速在地壳中约为 5km/s,因此记录到的地震波信号波长范围在 $0.025 \sim 50000\text{km}$ 之间。

在一定时刻 t,在任何垂直于波传播方向(波数矢量)的平面上,振动各量(如位移、速度、加速度、应力、应变等)相同,且同相面以速度 c 沿波传播方向在空间移动,称这种平面波为均匀平面波。如图 2.18 所示,均匀平面波传播过程中的波阵面移动,在 X_1X_3 平面内传播的均匀平面波,等相位面上量值相等。

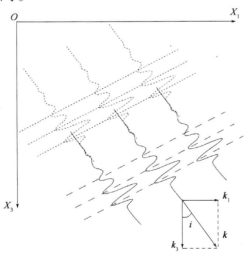

图 2.18　平面波传播过程中波阵面移动

波动方程的平面波解为

$$f(\boldsymbol{r},t) = f\left(t - \frac{\boldsymbol{I} \cdot \boldsymbol{r}}{c}\right) \quad 或 \quad f(\boldsymbol{r},t) = f(t - \boldsymbol{s} \cdot \boldsymbol{r})$$

其中

$$\boldsymbol{s} = \boldsymbol{I}/c$$

式中 $\boldsymbol{I}$——波传播方向上的单位矢量；

c——波速；

$\boldsymbol{s}$——矢量，称为慢度，其大小是波传播速度的倒数，其方向就是波的传播方向。

给定频率的简谐平面波：

$$f(\boldsymbol{r},t) = A(\omega) \mathrm{e}^{\mathrm{i}(\omega t - \boldsymbol{k} \cdot \boldsymbol{r})}$$

式中 $\boldsymbol{k}$——波矢量，对均匀平面波，k 为实数。

如果波数 $\boldsymbol{k}$ 为复数，且有

$$\boldsymbol{k} = \boldsymbol{k'} + \mathrm{i}\boldsymbol{k''}(k'、k''为实数)$$

则

$$f(\boldsymbol{r},t) = A(\omega)\mathrm{e}^{\mathrm{i}[\omega t - (\boldsymbol{k'} + \mathrm{i}\boldsymbol{k''}) \cdot \boldsymbol{r}]} = A(\omega)\mathrm{e}^{\boldsymbol{k''} \cdot \boldsymbol{r}}\mathrm{e}^{\mathrm{i}(\omega t - \boldsymbol{k'} \cdot \boldsymbol{r})} \tag{2.66a}$$

或写成

$$f(x_j,t) = A(\omega)\mathrm{e}^{k''_j \cdot x_j}\mathrm{e}^{\mathrm{i}(\omega t - k'_j \cdot x_j)} \quad (j = 1,2,3) \tag{2.66b}$$

其中，$\boldsymbol{k''} \cdot \boldsymbol{r}$ 对应的是等振幅面，沿 $\boldsymbol{k''}$ 方向指数变化，$\boldsymbol{k'} \cdot \boldsymbol{r}$ 对应的是等相位面。

由于 $k^2 = \left(\dfrac{\omega}{c}\right)^2 = \boldsymbol{k} \cdot \boldsymbol{k} = (\boldsymbol{k'} + \mathrm{i}\boldsymbol{k''})^2 = k'^2 - k''^2 + 2\mathrm{i}\boldsymbol{k'} \cdot \boldsymbol{k''}$，因为 $\dfrac{\omega}{c}$ 为实数，故 $2\boldsymbol{k'} \cdot \boldsymbol{k''} = 0$，即 $\boldsymbol{k'} \perp \boldsymbol{k''}$。当 $k'' < 0$ 时，波沿 $\boldsymbol{k'}$ 方向传播，而沿 $\boldsymbol{k''}$ 方向衰减（图 2.19）。等相位面上各点的振动量均为空间的函数，这样的平面波则称为非均匀平面波或不均匀平面波。

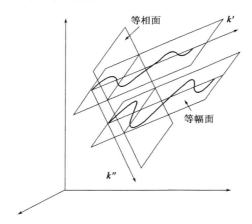

图 2.19 不均匀平面波传播过程中波阵面移动

该不均匀平面波的传播速度为

$$c' = \frac{\omega}{k'} = \frac{\omega}{\sqrt{\left(\dfrac{\omega}{c}\right)^2 - k''^2}} = c\left[1 - k''^2\left(\frac{c}{\omega}\right)^2\right]^{-\frac{1}{2}} \tag{2.67}$$

式中 c——同样频率的均匀平面波的传播速度。

显然 $c' < c$，不均匀平面波的传播速度小于同频率均匀平面波的波速，相应的波长也小。

平面波的波源是无限大钢板的振动（实际上不存在），在理论上平面波可以合成任何类型的波，所以平面波是波动现象中最基本的形式，是理论研究和实际应用的基础。

除平面波外，经常使用的另一类波动形式是球面波。在点震源作用下，介质发生的弹性振

动从震源向四周传播,波前面为球面,因此称为球面波。

在均匀各向同性介质中,这种波动只有中心对称性质,现在我们讨论中心对称条件下的波动方程的解。由波动方程:

$$\frac{\partial^2 f}{\partial t^2} = c^2 \nabla^2 f$$

选取空间坐标对称于某一中心点 O(图 2.20),从 O 到某点距离为 r。如果 f 仅是 r、t 的函数,利用球坐标,则上式可简单地写为

$$c^2 \frac{\partial^2(rf)}{\partial r^2} - \frac{\partial^2(rf)}{\partial t^2} = 0$$

其通解为

$$f(r,t) = \frac{1}{r}\left[f_1\left(t - \frac{r}{c} \right) + f_2\left(t + \frac{r}{c} \right) \right] \quad (2.68)$$

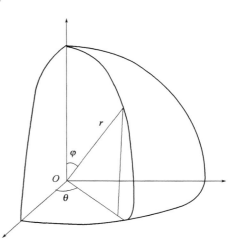

图 2.20　球坐标

当 r、t 固定,则 $t - r/c$ 为常数,波函数也为一定值。这样,在 t 时刻以 r 为半径的球面上的波场值相同,该等相位面为球面,称为球面波。

对简谐球面波,其解可以写为

$$f(r,t) = \frac{1}{r}\mathrm{e}^{\mathrm{i}\left(t - \frac{r}{c} \right)\omega} \quad (2.69)$$

式(2.69)表明波阵面的振幅以 $1/r$ 的形式衰减,这种单位面积上能量减小而引起的衰减称为几何扩散。$1/r$ 为波前面发散因子。

这类似于声波传播时,其波前为一扩张的球面,携带的声音随距离增加而衰减,也与池塘中的水波相似,观察到的水波高度或振幅向外逐渐衰减,波幅减小是因为初始能量传播越来越广而产生衰减,这就是几何扩散。这种类型的扩散也使通过地球岩石的地震波衰减。

球面波可以由平面波叠加而成或者说球面波可展成平面波,证明如下。当 k 为常数时,为了讨论方便,略去时间因子 $\mathrm{e}^{\mathrm{i}\omega t}$,并设波源在原点,则

$$f(r) = \frac{1}{r}\mathrm{e}^{-\mathrm{i}kr} \quad (2.70)$$

其中

$$r = \sqrt{x^2 + y^2 + z^2}$$

为简化起见,在 $z = 0$ 的平面上,$r_1 = \sqrt{x^2 + y^2}$。球面波为

$$f(r_1) = \frac{1}{r_1}\mathrm{e}^{-\mathrm{i}kr_1}$$

用关于 x、y 的二维傅里叶变换来描述这个场,即

$$\frac{\mathrm{e}^{-\mathrm{i}kr_1}}{r_1} = \int\!\!\!\int_{-\infty}^{\infty} F(k_x, k_y)\, \mathrm{e}^{\mathrm{i}(k_x x + k_y y)}\, \mathrm{d}k_x \mathrm{d}k_y \quad (2.71)$$

其谱为

$$F(k_x, k_y) = \frac{1}{(2\pi)^2} \int\!\!\!\int_{-\infty}^{\infty} \frac{\mathrm{e}^{-\mathrm{i}kr_1}}{r_1}\, \mathrm{e}^{-\mathrm{i}(k_x x + k_y y)}\, \mathrm{d}x \mathrm{d}y \quad (2.72)$$

利用柱坐标系:q 是 k 在 xOy 平面上的投影,$q = \sqrt{k_x^2 + k_y^2}$,$k_x = q\cos\psi_1$,$k_y = q\sin\psi_1$;r_1 是 r 在 xOy 平面上的投影,$x = r_1\cos\varphi_1$,$y = r_1\sin\varphi_1$;积分面元为 $\mathrm{d}x\mathrm{d}y = r_1\mathrm{d}\varphi_1\mathrm{d}r_1$,则式(2.72)变为

$$F(k_x, k_y) = \frac{1}{(2\pi)^2} \int_0^{2\pi} \mathrm{d}\varphi_1 \int_0^{\infty} \mathrm{e}^{-\mathrm{i}r_1[k+q\cos(\psi_1-\varphi_1)]} \mathrm{d}r_1 \tag{2.73}$$

令 $B = -[k + q\cos(\psi_1 - \varphi_1)]$，利用积分公式 $\int_0^{\infty} \mathrm{e}^{\mathrm{i}Br} \mathrm{d}r = \dfrac{\mathrm{i}}{B}$ 得

$$F(k_x, k_y) = \frac{\mathrm{i}}{(2\pi)^2} \int_0^{2\pi} \frac{\mathrm{d}\varphi_1}{-[k + q\cos(\psi_1 - \varphi_1)]}$$

令 $\theta = \psi_1 - \varphi_1$，$\mathrm{d}\theta = -\mathrm{d}\varphi_1$，根据 $\int_0^{2\pi} \dfrac{\mathrm{d}x}{1 + a\cos x} = \dfrac{2\pi}{\sqrt{1 - a^2}}$ $(a^2 < 1)$ 得

$$F(k_x, k_y) = \frac{\mathrm{i}}{(2\pi)^2} \int_0^{2\pi} \frac{\mathrm{d}\theta}{k + q\cos\theta} = \frac{\mathrm{i}}{(2\pi)^2 k} \cdot \frac{2\pi}{\sqrt{1 - \left(\dfrac{q}{k}\right)^2}}$$

$$= \frac{\mathrm{i}}{2\pi \sqrt{k^2 - k_x^2 - k_y^2}}$$

将其代入式(2.71)，所以 xOy 平面内的球面波可表示为

$$\frac{1}{r_1} \mathrm{e}^{-\mathrm{i}kr_1} = \frac{\mathrm{i}}{2\pi} \iint_{-\infty}^{\infty} \frac{\mathrm{e}^{\mathrm{i}(k_x x + k_y y)}}{\sqrt{k^2 - k_x^2 - k_y^2}} \mathrm{d}k_x \mathrm{d}k_y$$

对 $z \neq 0$ 的三维情况，由于空间的连续性，易于将波场进行"延拓"，只需在被积函数中加上 $\pm \mathrm{i}k_z z$ 即可。此时简谐球平面波写为

$$\begin{cases} \dfrac{\mathrm{e}^{-\mathrm{i}kr}}{r} = \dfrac{\mathrm{i}}{2\pi} \iint_{-\infty}^{\infty} \dfrac{\mathrm{e}^{\mathrm{i}(k_x x + k_y y + k_z z)}}{k_z} \mathrm{d}k_x \mathrm{d}k_y & (z > 0) \\[3mm] \dfrac{\mathrm{e}^{-\mathrm{i}kr}}{r} = \dfrac{\mathrm{i}}{2\pi} \iint_{-\infty}^{\infty} \dfrac{\mathrm{e}^{\mathrm{i}(k_x x + k_y y - k_z z)}}{k_z} \mathrm{d}k_x \mathrm{d}k_y & (z < 0) \end{cases}$$

其中

$$r = \sqrt{x^2 + y^2 + z^2}, \quad k_x^2 + k_y^2 + k_z^2 = k^2$$

加上时间因子 $\mathrm{e}^{\mathrm{i}\omega t}$，得简谐球面波表示式：

$$\frac{\mathrm{e}^{\mathrm{i}(\omega t - kr)}}{r} = \frac{\mathrm{i}}{2\pi} \iint_{-\infty}^{\infty} \frac{\mathrm{e}^{\mathrm{i}(\omega t + k_x x + k_y y \pm k_z z)}}{k_z} \mathrm{d}k_x \mathrm{d}k_y$$

表示不同方向的无数平面的叠加，即球面波可展成平面波。

将球面波当作平面波来处理，在很多情况下是十分方便的。

2.2.4 地震 P 波和 S 波

已知空间中波动方程为

$$\frac{\partial^2 \phi}{\partial t^2} = \alpha^2 \nabla^2 \phi \quad \text{和} \quad \frac{\partial^2 \boldsymbol{\psi}}{\partial t^2} = \beta^2 \nabla^2 \boldsymbol{\psi}$$

由波动方程的解 $f(\boldsymbol{r}, t) = A(\omega) \mathrm{e}^{\mathrm{i}(\omega t - \boldsymbol{k} \cdot \boldsymbol{r})}$ 可知，上述波动方程中的简单表达式为

$$\phi(\boldsymbol{r}, t) = A\mathrm{e}^{\mathrm{i}(\omega t - \boldsymbol{k} \cdot \boldsymbol{r})} = A\mathrm{e}^{\mathrm{i}(\omega t - k_1 x_1 - k_2 x_2 - k_3 x_3)} \tag{2.74}$$

其中，波矢量 $\boldsymbol{k} = k_1 \boldsymbol{e}_1 + k_2 \boldsymbol{e}_2 + k_3 \boldsymbol{e}_3$，$\boldsymbol{r} = x_1 \boldsymbol{e}_1 + x_2 \boldsymbol{e}_2 + x_3 \boldsymbol{e}_3$，描述的是空间中单频率平面波 P 波势函数。

同理，容易推导得到 S 波的势函数波动方程的解：

$$\boldsymbol{\psi}(\boldsymbol{r}, t) = \boldsymbol{B}\mathrm{e}^{\mathrm{i}(\omega t - \boldsymbol{k} \cdot \boldsymbol{r})} = \boldsymbol{B}\mathrm{e}^{\mathrm{i}(\omega t - k_1 x_1 - k_2 x_2 - k_3 x_3)} \tag{2.75}$$

与 P 波不同的是，S 波的势函数是矢量函数，式中的常量因子 $\boldsymbol{B}$ 是常数、矢量。

如图 2.20 所示,考虑在 x_1x_3 平面内传播的平面 P 波,由式(2.74)知其相位函数为

$$\phi = \omega t - \boldsymbol{k} \cdot \boldsymbol{r} = \omega t - k_1 x_1 - k_2 x_2 - k_3 x_3 \qquad (2.76)$$

在 x_1x_3 平面内:

$$\phi = \omega t - \boldsymbol{k} \cdot \boldsymbol{r} = \omega t - k_1 x_1 - k_3 x_3$$

则 $t = 0$、相位 $\phi = 0$ 的等相位面方程为

$$x_1 = -\frac{k_3}{k_1} x_3$$

该式定义了 x_1x_3 平面上的一条直线,它代表的是一个垂直于 x_1x_3 平面的等相位面。该等相位面 $t = 0$ 时刻,相位为 0,等相位面上振动量相等。

P 波波阵面更一般的表达式为

$$x_1 = -\frac{k_3}{k_1} x_3 - \frac{\phi}{k_1} + \frac{\omega t}{k_1} \qquad (2.77)$$

该式表示固定 t 时刻一系列等相位的波阵面,以及等相位的波阵面在不同时刻的空间位置。式(2.77)还表明,波矢量 $\boldsymbol{k}$ 与波阵面是正交的。如果定义波矢量方向与 x_3 轴的夹角为入射角 i,则

$$k_1 = |\boldsymbol{k}| \sin i = \frac{\omega}{\alpha} \sin i = \omega p$$

$$k_3 = |\boldsymbol{k}| \cos i = \frac{\omega}{\alpha} \cos i = \omega \eta$$

式中,$p = \sin i / \alpha$ 称为射线参数或水平慢度,它是地震射线理论中非常重要的一个量;$\eta = \cos i / \alpha$ 称为垂直慢度。

又因

$$\boldsymbol{u}_P = \nabla \phi, \boldsymbol{u}_S = \nabla \times \boldsymbol{\psi} \boldsymbol{e}_3$$

对在 x_1x_3 平面内传播的平面 P 波,则有

$$\boldsymbol{u}_P = (i k_1 \boldsymbol{e}_1 + 0 \boldsymbol{e}_2 + i k_3 \boldsymbol{e}_3) A e^{i(\omega t - \boldsymbol{k} \cdot \boldsymbol{r})} \qquad (2.78)$$

则有

$$\frac{u_{P3}}{u_{P1}} = \frac{k_3}{k_1}$$

说明,P 波的质点运动(振动)方向与波矢量方向(传播方向)是平行的。

对在 x_1x_3 平面内传播的平面 S 波,则有

$$\begin{cases} \boldsymbol{u}_S = -\dfrac{\partial \psi_2}{\partial x_3} \boldsymbol{e}_1 + \left(\dfrac{\partial \psi_1}{\partial x_3} - \dfrac{\partial \psi_3}{\partial x_1} \right) \boldsymbol{e}_2 + \dfrac{\partial \psi_2}{\partial x_1} \boldsymbol{e}_3 \\ \psi_i = B_i e^{\pm i(\omega t \pm \boldsymbol{k} \cdot \boldsymbol{r})} \end{cases} \qquad (2.79)$$

由式(2.79)可以看到,在 x_1x_3 平面内传播的平面 S 波的振动并不像 P 波一样只局限在传播平面上,在垂直于传播平面的 x_2 方向上也存在 S 波分量。

如果设定 x_1x_2 为地平面(不考虑地球曲率),x_3 为深度方向。为了分析方便,地震学中将垂直于传播平面的 x_2 方向上的 S 波分量记为 SH 波,传播平面上的 S 波分量记为 SV 波,即

$$\boldsymbol{u}_{SV} = -\frac{\partial \psi_2}{\partial x_3} \boldsymbol{e}_1 + \frac{\partial \psi_2}{\partial x_1} \boldsymbol{e}_3 = -\frac{\partial \psi}{\partial x_3} \boldsymbol{e}_1 + \frac{\partial \psi}{\partial x_1} \boldsymbol{e}_3 \qquad (2.80)$$

$$\boldsymbol{u}_{SH} = \left(\frac{\partial \psi_1}{\partial x_3} - \frac{\partial \psi_3}{\partial x_1} \right) \boldsymbol{e}_2 = V \boldsymbol{e}_2 \qquad (2.81)$$

由于 SV 波的位移仅只有 ψ_2 的贡献,故记为 ψ。另外,SH 波的位移分别来自位函数的 2 个分量贡献,故式(2.81)中直接用 V 表示 SH 波位移的大小。容易证明,SH 波的位移函数 V 也满

足波动方程：

$$\frac{\partial^2 V}{\partial t^2} = \beta^2 \ \nabla^2 V = \beta^2 \left(\frac{\partial^2 V}{\partial x_1^2} + \frac{\partial^2 V}{\partial x_3^2} \right) \tag{2.82}$$

则有

$$V(x_1, x_3, t) = h e^{\mathrm{i}(\omega t - k_1 x_1 - k_3 x_3)} \tag{2.83}$$

同样，SV 波势函数的解有

$$\psi(x_1, x_3, t) = A' e^{\mathrm{i}(\omega t - k_1 x_1 - k_3 x_3)} \tag{2.84}$$

则 SV 波的位移为

$$\boldsymbol{u}_{\mathrm{SV}} = -\frac{\partial \psi}{\partial x_3}\boldsymbol{e}_1 + \frac{\partial \psi}{\partial x_1}\boldsymbol{e}_3 = -A'\hat{k}_3 \mathrm{i} e^{\mathrm{i}(\omega t - \boldsymbol{k} \cdot \boldsymbol{r})}\boldsymbol{e}_1 \pm A'k_1 \mathrm{i} e^{\mathrm{i}(\omega t - \boldsymbol{k} \cdot \boldsymbol{r})}\boldsymbol{e}_3 \tag{2.85}$$

$$\frac{u_{\mathrm{SV3}}}{u_{\mathrm{SV1}}} = \pm \frac{k_1}{k_3}$$

表明 SV 波的振动方向与传播方向是垂直的。

波的总位移为

$$\boldsymbol{u} = \boldsymbol{u}_{\mathrm{P}} + \boldsymbol{u}_{\mathrm{SV}} + \boldsymbol{u}_{\mathrm{SH}} = \left(\frac{\partial \phi}{\partial x_1} - \frac{\partial \psi}{\partial x_3} \right)\boldsymbol{e}_1 + V\boldsymbol{e}_2 + \left(\frac{\partial \phi}{\partial x_3} + \frac{\partial \psi}{\partial x_1} \right)\boldsymbol{e}_3 \tag{2.86}$$

弹性介质中可以同时存在 2 种振动方向互相正交的不同类型的波——P 波和 S 波，它们在介质中是以不同速度独立传播的，互不干涉。式(2.86)中可将 S 波分解成振动方向相互正交的 2 个分量：SV 波和 SH 波。

P 波与 S 波的主要差异归纳如下：

（1）P 波的传播速度较 S 波速度快，地震图上总是先记录到 P 波。

（2）这两种波的偏振（质点运动）方向相互正交。P 波的偏振方向与波的传播方向一致；S 波的偏振方向与波的传播方向垂直，如图 2.21 所示。

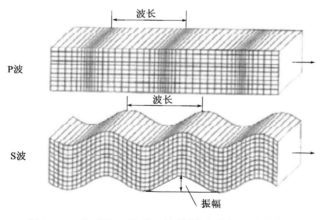

图 2.21　介质中 P 波或 S 波传播时质点运动示意图

（3）在通常情况下，三分向地震仪记录 P 波的垂直分量相对较强，S 波的水平分量相对较强；S 波的低频成分较 P 波丰富，如图 2.22 所示。

（4）天然地震的震源破裂通常以剪切破裂和剪切错动为主，震源向外辐射的 S 波的能量较 P 波的强。

（5）P 波是一种无旋波，S 波是一种无散的等容波。

三分量地震仪记录的地面振动通常分别记录的波动矢量是：垂直向振动（向上为正）、北南向振动（向北为正）和东西向振动（向东为正）。通过对 2 个水平振动分量的坐标旋转，不难

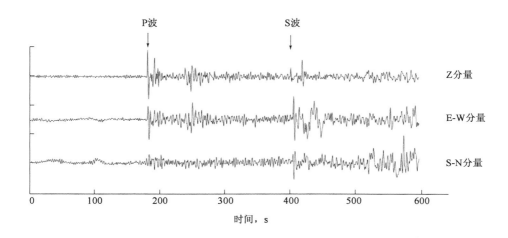

图 2.22 北京大学架设在青海省的流动地震台记录的一次发生在新疆的地震

震中距 1900km

将波动矢量旋转为:垂直向振动、径向振动(由源到记录台的连线的水平投影 R)和切向振动(与径向正向的水平分量 T)。图 2.23 显示了一个地震记录的实例,切向分量上记录的 S 波显然是 SH 波。大家考虑一下,为什么在旋转后的地震图的切向分量上基本看不到 P 波? 如果地球介质具有较强的各向异性,情况又将如何?

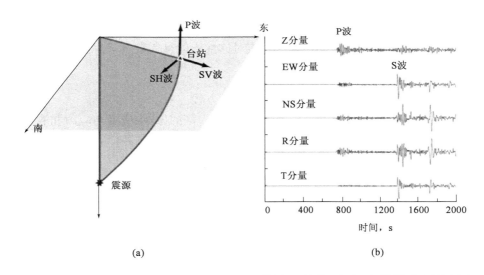

(a)   (b)

图 2.23 P 波、SV 波及 SH 波偏振方向(a)和三分量远震原记录及坐标旋转后地震图(b)

2.3 各向异性介质基本理论

地下介质普遍表现为各向异性,通过对地震各向异性特征研究可以了解有关岩石矿物的内部结构及裂隙裂缝发育情况和应力场的分布。本节主要介绍与各向异性相关的基本概念、各向异性介质弹性波波动方程以及一些常见的各向异性介质。

2.3.1 基本概念

2.3.1.1 各向异性的定义

广义的各向异性是指同一质点在不同方向上的介质的物理性质不同。特殊的,如果地震波波速随观测方向发生改变,则称为地震波速度各向异性。本书研究的是地震波在狭义上的速度各向异性介质中传播表现出的不同于各向同性介质中的波场特征。

2.3.1.2 各向异性的成因

岩石各向异性的成因有很多,Crampin 将其总结为 3 种类型:

(1)固有各向异性。这种各向异性是均匀的、连续的,介质自身的晶体排列或在外力作用下发生优势取向导致的岩性与岩相的各向异性都会引起固有各向异性性质。

(2)次生各向异性。地壳中存在大量的裂缝或孔隙,内含流体,在应力场或其他外界条件的作用下,裂缝和孔隙分布通常具有方向性,进而导致各向异性。

(3)长波长各向异性。当单个薄层的最小厚度相较于地震波长来说非常小时,由多层不同性质、不同厚度的各向同性薄层组成的岩层会产生总体上的平均各向异性响应,因与观测的地震波长有关,又称为视各向异性。

关于各向异性的研究都基于一个假设,即具有固有各向异性的最小粒子与次生各向异性体在长波长的条件下的地震波响应理论上是没有区别的。

2.3.2 各向异性介质弹性波波动方程

波动方程是研究地震波传播特征的基础,本书首先给出波动方程相关的几个基本关系式,这几个关系是理解弹性介质波动方程以及介质对称性质的重要数学背景。

2.3.2.1 纳维尔方程

纳维尔方程(Navier equation),也称为运动微分方程。

当连续的各向异性体积单元受到外力作用时,其内部的位移、应变与应力和能量会产生动态的变化过程,这一过程的弹性性质服从牛顿第二定律,于是均匀各向异性介质的波动方程可以表示为

$$\rho \frac{\partial^2 u_i}{\partial t^2} = \frac{\partial \sigma_{ij}}{\partial x_j} + f_i \qquad i,j \in (1,2,3) \tag{2.87}$$

式中 ρ——介质密度;

        t——时间变量;

        $\{u_i\}$——位移向量;

        $\{\sigma_{ij}\}$——二阶应力张量,N/m²;

        $\{f_i\}$——体力项;

        x_j——笛卡儿坐标;

        1、2、3——x、y、z 方向。

2.3.2.2 三维广义胡克定律(本构方程)

在弹性动力学范畴内,物体在外力作用下会产生弹性形变,利用 Green 弹性和 Cauchy 弹性可将介质的这一固有物理特性与应力、应变联系起来,即为广义胡克定律所要反映的弹性规律:

$$\sigma_{ij} = C_{ijkl}\varepsilon_{kl} = \boldsymbol{C}\boldsymbol{\varepsilon} \tag{2.88}$$

式中　ε——应变张量,无量纲;

　　　$\boldsymbol{C}$——四阶弹性常数张量或刚度张量,其元素 C_{ijkl} 称为弹性常数,共 81 个,$\mathrm{N/m^2}$。

2.3.2.3　几何方程

应变与位移的关系如下:

$$\varepsilon_{kl} = \frac{1}{2}\left(\frac{\partial u_k}{\partial x_l} + \frac{\partial u_l}{\partial x_k}\right) \tag{2.89}$$

可见,应变具有对称性 $\varepsilon_{kl} = \varepsilon_{lk}$,具有 6 个独立的分量。应力表示单位截面上受到的只考虑平衡物体相关的内力,与其他非平衡力等无关,使得应力也满足对称性。由应力、应变张量的对称性可以证明弹性常数满足如下的对称性:

$$C_{ijkl} = C_{jikl} = C_{ijlk} \tag{2.90}$$

则刚度张量 C 中独立的弹性常数可简化为 36 个。

将胡克定律式(2.88)及应变位移关系式(2.89)代入式(2.87),即可得到任意均匀各向异性介质的波动方程:

$$\rho\frac{\partial^2 u_i}{\partial t^2} = C_{ijkl}\frac{\partial u_k}{\partial x_j \partial x_l} + f_i \tag{2.91}$$

2.3.2.4　各向异性对称系统及弹性常数矩阵

研究弹性固体的各向异性问题时,首先要了解介质的对称性。相比于固体晶格学,各向异性在地震学领域简单得多,因为岩石中的裂缝不会产生 32 种晶体对称系统,地震学家也只需要研究岩石的弹性对称性。

岩石介质的对称性质通过弹性常数张量反映出来,通常采用矩阵形式表示:

$$\begin{bmatrix} C_{1111} & C_{1122} & C_{1133} & C_{1123} & C_{1113} & C_{1112} \\ C_{2211} & C_{2222} & C_{2233} & C_{2223} & C_{2213} & C_{2212} \\ C_{3311} & C_{3322} & C_{3333} & C_{3323} & C_{3313} & C_{3312} \\ C_{2311} & C_{2322} & C_{2333} & C_{2323} & C_{2313} & C_{2312} \\ C_{1311} & C_{1322} & C_{1333} & C_{1323} & C_{1313} & C_{1312} \\ C_{1211} & C_{1222} & C_{1233} & C_{1223} & C_{1213} & C_{1212} \end{bmatrix} \tag{2.92}$$

根据弹性固体的应变能势唯一性可知,矩阵(2.92)同样具有对称性,即 $C_{ijkl} = C_{klij}$。利用 Voigt 法则四阶张量压缩为 6×6 阶矩阵,即 $C_{mn} = C_{ijkl}(m, n = 1, 2, \cdots, 6)$,下标对应法则为:$11\rightarrow1$,$22\rightarrow2$,$33\rightarrow3$,23 或 $32\rightarrow4$,13 或 $31\rightarrow5$,12 或 $21\rightarrow6$,则矩阵(2.92)可以重新表示为

$$C = \begin{bmatrix} c_{11} & c_{12} & c_{13} & c_{14} & c_{15} & c_{16} \\ c_{12} & c_{22} & c_{23} & c_{24} & c_{25} & c_{26} \\ c_{13} & c_{23} & c_{33} & c_{34} & c_{35} & c_{36} \\ c_{14} & c_{24} & c_{34} & c_{44} & c_{45} & c_{46} \\ c_{15} & c_{25} & c_{35} & c_{45} & c_{55} & c_{56} \\ c_{16} & c_{26} & c_{36} & c_{46} & c_{56} & c_{66} \end{bmatrix} \tag{2.93}$$

式(2.93)即为常用的弹性常数矩阵,此时,36 个独立的弹性常数变为 21 个,用以描述无对称性质的各向异性介质。当介质的对称性增加时,即存在对称轴、对称面时,弹性常数的个数会

进一步减少。在各向异性弹性固体中,若一个面 $x_s = 0$ 具有镜面对称性是指弹性常数关于这个面反射后保持不变,此时弹性常数 $C_{ijkl} = 0$,当 i, j, k, l 中有 1 个或 3 个等于 s。

2.3.3 常见的各向异性介质

2.3.3.1 横向各向同性介质

横向各向同性(TI)介质是目前研究比较多的一种各向异性介质,具有 5 个独立的弹性常数,是与实际比较符合的最简单的各向异性形式,受压力、重力、流体等外力的作用在沉积岩层中普遍存在。TI 介质有一个无穷重对称轴,称为主对称轴,根据主对称轴的特征,可将其分为 3 类:一是具有垂直对称轴(z 轴)的 VTI(TI with a vertical symmetry axis)介质,可以用以表征 Postma 提出的周期性薄互层(periodic thin layers, PTL)模型;二是具有水平对称轴(x 轴或 y 轴)的 HTI(TI with a horizontal symmetry axis)介质,Crampin 提出的垂直裂缝模型(或广泛扩容各向异性模型)(extensive dilatancy anisotropy, EDA)属于此类介质,HTI 介质可以看作 VTI 介质旋转 90°得到的;三是具有倾斜对称轴的 TTI(TI with a tilted symmetry axis)介质,常用来研究地下岩石中的倾斜裂缝。

VTI 介质的弹性常数矩阵为

$$
\begin{bmatrix}
c_{11} & c_{12} & c_{13} & 0 & 0 & 0 \\
c_{12} & c_{11} & c_{13} & 0 & 0 & 0 \\
c_{13} & c_{13} & c_{33} & 0 & 0 & 0 \\
0 & 0 & 0 & c_{44} & 0 & 0 \\
0 & 0 & 0 & 0 & c_{44} & 0 \\
0 & 0 & 0 & 0 & 0 & (c_{11} - c_{12})/2
\end{bmatrix}
\tag{2.94}
$$

HTI 介质的弹性常数矩阵为

$$
\begin{bmatrix}
c_{11} & c_{12} & c_{12} & 0 & 0 & 0 \\
c_{12} & c_{33} & c_{13} & 0 & 0 & 0 \\
c_{12} & c_{13} & c_{33} & 0 & 0 & 0 \\
0 & 0 & 0 & (c_{33} - c_{13})/2 & 0 & 0 \\
0 & 0 & 0 & 0 & c_{55} & 0 \\
0 & 0 & 0 & 0 & 0 & c_{55}
\end{bmatrix}
\tag{2.95}
$$

图 2.24 给出三种 TI 介质模型图,VTI 介质和 HTI 介质的弹性矩阵是在本构坐标系下观测得到的,其主对称轴与观测坐标轴平行;TTI 介质的主对称轴与观测坐标轴则存在非零夹角,该介质的弹性常数矩阵可以通过坐标变换由 VTI 介质或 HTI 介质的弹性矩阵旋转得到。

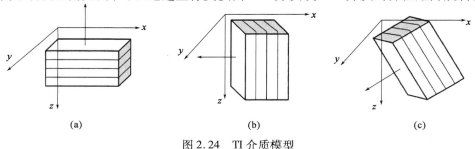

(a)   (b)   (c)

图 2.24　TI 介质模型

2.3.3.2　正交各向异性介质

随着勘探开发的不断深入,越来越多的实际资料表明,沉积盆地中普遍存在着由 PTL 介质和 EDA 介质组合产生的正交各向异性介质。另外,正交晶系还包括比较常见的橄榄石和斜方辉石,它们都表现出很强的正交各向异性,所以上地幔也多表现出正交各向异性。正交各向异性可能是与实际符合的最简单的各向异性系统,但是正交各向异性介质具有 9 个独立的弹性常数,这增加了速度分析、参数反演等地震处理和解释技术的复杂性,所以关于正交介质的研究相对较少。

正交各向异性介质在本构坐标系下的刚度矩阵具有如下的表现形式:

$$
\begin{bmatrix}
c_{11} & c_{12} & c_{13} & 0 & 0 & 0 \\
c_{12} & c_{22} & c_{23} & 0 & 0 & 0 \\
c_{13} & c_{23} & c_{33} & 0 & 0 & 0 \\
0 & 0 & 0 & c_{44} & 0 & 0 \\
0 & 0 & 0 & 0 & c_{55} & 0 \\
0 & 0 & 0 & 0 & 0 & c_{66}
\end{bmatrix}
\tag{2.96}
$$

此时,正交各向异性介质的 3 个对称面与 3 个坐标平面重合,3 个二重对称轴与坐标轴一致。

观察式(2.94)、式(2.95)和式(2.96)可以发现,TI 介质和正交介质具有统一的弹性常数矩阵,都可以用式(2.96)表示。从数值模拟算法的角度来讲,除了独立弹性常数的个数以外,两种介质具有相同的处理过程,因此,可以将 TI 介质看作正交各向异性介质的一种特例。

2.3.4　横波分裂

横波分裂源于地球内部介质的各向异性。在各向同性介质中,横波在其偏振平面上各方向的偏振分量传播速度一致。而在各向异性的介质中,在某个方向上偏振的分量的波速会比另一个方向的大。传播了一段距离后,沿"快方向"偏振的分量将与另一方向上的偏振分量分离,这就产生了横波分裂的现象。

地震学研究领域中,各向异性在 20 世纪 50 年代开始受到人们注意。Postina(1995)和 Helbig(1966)在理论研究中发现薄互层组合可以引起介质的各向异性,解释了当时海上地震资料研究中垂向与横向地震波速的不一致性现象。但是,Helbig 的研究结果表明,各向异性对 P 波影响甚少。由于当时主要利用 P 波资料,所以各向异性的研究基本上处于停滞状态。直到 20 世纪 70 年代,由于大量的地壳、上地幔探测及其后的岩石圈结构与动力学研究,特别是 S 波资料的利用,这种状态发生了较大的改观。20 世纪 70 年代,Crampin 教授开始专注于各向异性研究。他领导的小组起初仅限于深部地震资料中各向异性研究。1977 年 Crampin 与其同事发表了反射法合成地震记录成果,并在人工地震深部地壳测深以及天然地震资料分析中广泛应用,取得了一系列成果,其中最主要的是发现并证实了横波分裂现象的存在,而且快横波的偏振方向与应力场最大主压应力方向一致。横波分裂现象的证实,使得各向异性研究开始进入"繁荣"时期。Crampin(1984)提出 EDA 模型,即广泛扩容各向异性模型。该模型表明,由于应力场的作用,定向分布裂隙在长波长假设下会引起视各向异性效应。

近几十年来,对各向异性介质中地震波传播的理论研究与观测迅速发展。近震横波中激发源和波路径介质的信息量约比纵波携带的高 4 倍。其用途不仅在于提供有关岩体主要特征的信息,更重要的在于能测量岩体内部微裂隙的方向和密度。有许多标志强有力地说明,地壳上部各向异性是普遍存在的。

Crampin 指出,横波分裂是地震体波在各向异性介质中传播的最显著特征。他认为,在水平向压应力的作用下,岩石内部产生大量与压应力方向平行、直立排列的微裂隙。这种裂隙的存在,使得地壳介质成为各向异性介质。横波在裂隙介质构成的三维空间中的振动方向受裂隙的影响。其他有关裂隙的信息,如裂隙密度等,也能从横波传播的特征中得到。当横波进入由微裂隙和微孔这些比波长小的非均匀物质组成的岩石中时,分裂成两个具有不同偏振方向的组成部分。图 2.25 给出了横波分裂现象示意图。这两列波的偏振方向分别平行和垂直于裂隙排列方向,并以不同的速度传播。由于速度的不同,这两列偏振波在裂隙介质中传播时,在时间域产生的"分裂"使得横波波形产生一种新特征。它在离开裂隙区后仍然保持不变。先到的偏振波沿与裂隙排列平行的方向传播,而后到的横波偏振方向则与裂隙排列方向垂直。先到达的波,简称

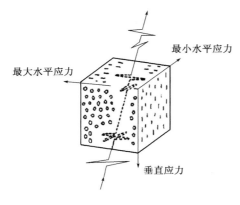

图 2.25 横波分裂现象示意图

为快波,后到达的波,简称为慢波。通过偏振方向的分析,可以得到波的偏振方向和快慢波的到达时间差。通过对波分裂的时间延迟分析,可以推断介质的裂隙密度、纵横比以及饱和孔隙度。Crampin 等对土耳其北安纳托利亚断层区的地震研究以及在世界其他一些地区对横波分裂的观测和研究,证实了脆性的上地壳存在着大范围膨胀各向异性。Crampin 等通过对土耳其局部三分量地震记录图的分析发现:在各向异性介质的三分量合成记录上,横波窗内几乎所有的横波偏振都发生明显变化。快横波偏振方向并不遵循各向同性介质的横波传播规律,但与垂直于裂隙传播的偏振图相似,横波分裂偏振得出的各向异性方位与断裂平面机制得出的应力轴相一致。在偏振图上,同时还存在一些时变特征震前横波分裂时间差增大,震后分裂时间差减小,这可能是由于局部应力场使裂隙的几何形状、分布范围及其性质发生了变化。上述结论为利用横波分裂现象研究应力场时空变化规律和地震预测提供了依据。

研究表明,快波方向在板块汇聚带平行于板块边界,在走滑断层处平行于断层走向;快波方向与 GPS 速度场的一致;地幔各向异性的快波方向与绝对板块运动方向一致等。

地震各向异性研究是了解地壳和上地幔变形的有效方法之一。一般来说,上地壳的各向异性被认为主要是由大量裂隙在应力作用下定向排列造成的;中下地壳的各向异性主要由各向异性矿物(如黑云母和角闪石)晶格的优势排列引起的;上地幔的各向异性一般被认为是由变形导致橄榄岩等矿物晶格的优势排列引起的。因此,地震波各向异性研究可为大陆动力学研究提供地球内部最为直接的、不可或缺的形变信息,进而为了解岩石圈和软流圈结构和演化提供约束。

研究表明,上地壳各向异性的快波偏振优势方向与裂隙的走向一致,与原地最大主压应力方向一致;快、慢波的到时延迟受到介质中裂隙的物理特性和所含的流体特性的影响,对地壳应力场的变化非常灵敏。

利用近震近垂直入射的直达波分裂研究主要是获取上地壳各向异性参数。近年来,在中国大陆开展了大量的上地壳各向异性研究工作。

近年来,远震剪切波分裂测量成为获得上地幔各向异性结构的主要手段之一,它为推断大陆的深部结构和演化的含义以及大陆下方的地幔变形、物质流动等提供了许多新证据。20 世

纪 90 年代,一些学者用 SKS 波分裂测量方法开展对中国大陆上地幔各向异性的研究。这种经过地幔传播的震相的横波分裂现象的主要原因是上地幔的各向异性。上地幔的各向异性可以用应变引起的上地幔中矿物质的结晶优势排列来解释。根据时间延迟估计的各向异性层的厚度,与由上地幔中的高导层和低速层所推断的中国大陆下岩石层的厚度大致相符。在大部分台站上,反演得到的快波偏振方向与欧亚板块总体变形推测的结果相一致。

横波分裂又称横波双折射。当横波在各向异性介质时传播时,会分裂成为两个速度不同、极性正交的横波,一个快波和一个慢波。快波偏振方向和快、慢波的时间延迟这两个参数分别反映了地幔变形的方向和强度。因此,从地震波传播中获得的各向异性信息有助于了解板块内部的变形特征,并推断与板块构造运动有关的下伏岩石圈的变形状况;快、慢波时间延迟则反映了这种优势取向的程度。

思　考　题

1. 已知在均匀弹性无限空间中,纵波的标量势在直角坐标系(x,y,z)中的表示式为 $\phi = A e^{-i\omega\left(t-\frac{x}{\alpha}\right)}$。

（1）求纵波的位移场 $\boldsymbol{u}_P$,并指出它的传播方向、传播速度、振动频率、相位和振幅。

（2）若 $\phi = 10\cos(34t - 3x_1 + 4x_3)$,请写出该波的频率及介质 P 波的速度,并标出该波的射线方向。

2. 写出广义的胡克定律,并写出各向同性介质情况下的应力应变关系。

3. 当 SV 波入射到自由表面时,在什么条件下会产生非均匀波？非均匀波有什么特征？

4. 地球介质的"各向异性"指的是什么？形成"各向异性"的机理大概有哪些？

5. 横波分裂研究已经成为地球物理学研究的一项重要内容,什么是横波分裂？

3 体波与射线理论

当地震波的频率较高时,可方便地用地震射线来描述波的传播情况。

地震波在地球介质内部传播,我们把地球近似地看作球形。球对称介质是把地球看成由无限多个厚度无限薄的均匀层构成。这种简化的地球模型,具有球对称性,介质径向非均匀。在近震范围内,地球的曲率可忽略,人们在地球表面观测和接收地震波,介质变成平行层,地球模型可以看作是半空间或层状半空间。横向各向同性介质是地球内部广泛分布的一种各向异性介质。

本章讨论体波射线的近似条件、射线方程、球对称模型和层状半空间模型中的地震射线传播情况,简略介绍地震波的衰减。

3.1 程函方程和费马原理

当波通过不连续界面时,会发生折射和反射现象,波阵面会发生变形,利用射线理论可以较好地解释这一现象。要实现波动理论向射线理论的过渡,首先要阐明在什么条件下波动地震学能够向几何地震学过渡,即几何地震学在何种条件下能反映真实波动情况。

当波速的空间变化在波长范围内很小时,波动方程可写成

$$\nabla^2\phi = \frac{1}{c^2(x_1,x_2,x_3)}\ddot{\phi} \tag{3.1}$$

在这里讨论一般的谐波体波,上述方程的解前面已求得。

已知上述方程的解:

$$\phi = \phi_0(x_1,x_2,x_3)\exp\left\{i\omega\left[\frac{r(x_1,x_2,x_2)}{c(x_1,x_2,x_2)} - t\right]\right\} \tag{3.2}$$

式中 r——坐标原点(或震源)至波阵面的法线距离;

ϕ_0——振幅。

令相位 $$\varphi = \frac{r(x_1,x_2,x_2)}{c(x_1,x_2,x_2)} - t = 0(或常数) \tag{3.3}$$

式(3.3)表明,随着时间 t 的增加,r/c 也必须相应增加,波动随时间往外传播。此时,$\phi = \phi_0(x_1,x_2,x_3)$。

当波在介质中传播时,有一系列时间 t_k 满足式(3.3),即具有零相位的极值等相位面在空间中随着波的传播而连续分布,数目是无限多的,t 也是空间的函数,则

$$t_k = \frac{r(x_1,x_2,x_2)}{c(x_1,x_2,x_2)} = \tau(x_1,x_2,x_2)$$

式中 τ——特性函数,它确定波沿射线的旅行时间。

于是,式(3.2)可写成

$$\phi = \phi_0(x_1,x_2,x_3)\exp[i\omega(\tau - t)] \tag{3.4}$$

将其代入波动方程(3.1),利用复合函数微分法,得

$$-\frac{\omega^2 \phi_0}{c^2} = (\nabla^2 \phi_0 + 2\mathrm{i}\omega\,\mathrm{grad}\phi_0\,\mathrm{grad}\tau + \mathrm{i}\omega\phi_0\,\nabla^2\tau - \omega^2\phi_0\,\mathrm{grad}^2\tau)$$

实部和实部相等,虚部和虚部相等,有

$$-\omega^2\phi_0 = c^2(\nabla^2\phi_0 - \omega^2\phi_0\,\mathrm{grad}^2\tau) \tag{3.5a}$$

$$0 = (2\omega\,\mathrm{grad}\phi_0\,\mathrm{grad}\tau + \omega\phi_0\,\nabla^2\tau) \tag{3.5b}$$

因 $\omega = 2\pi/T$,式(3.5a)可改写为

$$-\left(\frac{2\pi}{T}\right)^2\phi_0 = c^2\left[\nabla^2\phi_0 - \phi_0\left(\frac{2\pi}{T}\right)^2\mathrm{grad}^2\tau\right]$$

即

$$-4\pi^2\phi_0 = c^2T^2\,\nabla^2\phi_0 - c^2\phi_0 4\pi^2\,\mathrm{grad}^2\tau$$

当 $\lambda = cT$ 较小而 $\nabla^2\phi_0$ 不是很大时,有

$$-4\pi^2\phi_0 = -c^2\phi_0 4\pi^2\,\mathrm{grad}^2\tau$$

或写为

$$\mathrm{grad}^2\tau = \frac{1}{c^2(x_1,x_2,x_3)} \tag{3.6}$$

由梯度公式 $\mathrm{grad}\tau = \frac{\partial\tau}{\partial x_1}\boldsymbol{e}_1 + \frac{\partial\tau}{\partial x_2}\boldsymbol{e}_2 + \frac{\partial\tau}{\partial x_3}\boldsymbol{e}_3$,故有

$$\left(\frac{\partial\tau}{\partial x_1}\right)^2 + \left(\frac{\partial\tau}{\partial x_2}\right)^2 + \left(\frac{\partial\tau}{\partial x_3}\right)^2 = \frac{1}{c^2(x,y,z)} \tag{3.7}$$

这就是特性函数方程式或哈密顿方程式,又称时间场方程、程函方程。式(3.7)是一个具有纯粹几何形象的波阵面方程式,通过它,波动地震学就过渡为几何地震学了。它具有重要的物理意义:如果介质的参数速度 $c(x_1,x_2,x_3)$ 已知,利用边界条件或初始条件,就可求得时间场 $t = t(x_1,x_2,x_3)$,从而可知任意时刻波前在空间的位置,也就求得地震波传播的全部情况,而不用求波动方程的解。因此,式(3.7)是几何地震学中最基本的公式。

通过以上分析可知,从波动地震学过渡到几何地震学有两个根本条件:

(1)λ 趋于零,即只对高频适用。因此,我们应该记住,地震学中的射线理论只是高频近似理论,今后的学习或研究中可能会遇到应用射线理论所推导的结论与实际观测不符的情况,一个很大的可能性是遇到的具体问题不满足高频近似条件。那么一个新的问题是,什么样的问题满足高频近似,可以用射线理论呢?这与应用的地震资料的频率范围有关,也与具体问题对解的精度要求有关。一般认为,当应用的地震波资料的最大波长较需要考虑的介质空间不均匀尺度小1个数量级时,可以用高频近似。

(2)$\nabla^2\varphi_0$ 不能趋于无限。对于球面波而言,根据球面波的解(2.68)$\varphi = f(r-ct)/r$,当 $r \to 0$ 时,$\varphi \to \infty$,即球心处几何地震学不适用。凹的弯曲界面可能遇到反射的聚焦点,聚焦点同样不适用。

式(3.7)还可以写成向量形式:

$$\mathrm{grad}\tau = \frac{1}{c}\boldsymbol{r}_0 \tag{3.8}$$

式中 $\boldsymbol{r}_0$——沿波传播方向的单位向量。

从式(3.8)计算沿任意方向的线积分(图3.1),得到从点 A 到 B 的传播时间为

$$\int_A^B \mathrm{grad}\tau\,\mathrm{d}l \leqslant \int_A^B \frac{1}{c}\mathrm{d}l$$

因为沿梯度的方向总是最小的。上式表明,一般在两点之间波沿射线传播时间最短的路径传

播,这就是著名的费马(Fermat)原理。如图3.1所示,从 A 点到达 B 的路径有很多条,射线总是沿传播路径最短的路径传播。若介质是均匀的,如图3.1(a)所示,射线将取 AB 之间的最短路径——直线传播。若有高速体存在的情况下,射线将发生弯曲,取走时最短的路径传播(图3.1和图3.2)。

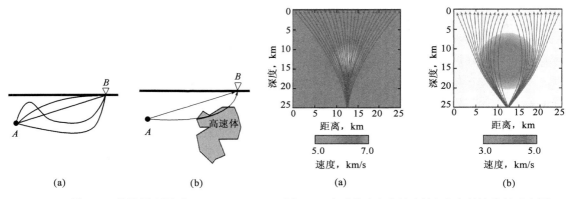

图3.1 费马原理图示   图3.2 高速体(a)或低速体(b)中射线路径示意图

图3.3 费马原理实例

当地震的频率较高时,可方便地用地震射线来描述波的传播情况。射线理论的基础是费马原理。费马原理是指在各向同性的连续介质中,扰动将沿着一条走时为稳定值的路径传播,或者说,沿射线的走时取极小。

如图3.3所示,设 t 为扰动从 A 点沿着一条路径传播到 A' 所用的时间,扰动的传播速度为 $v(x_1, x_2, x_3)$,该路径的弧长为 l。

由费马原理,t 可表示为

$$t = \int_A^{A'} \frac{\mathrm{d}l}{v} = 稳定值 \tag{3.9}$$

设射线参数方程:

$$x_i = x_i(u) \qquad i = 1, 2, 3; u\ 为参变量$$

如果用 $\dot{x}_i$ 表示 $\dfrac{\mathrm{d}x_i}{\mathrm{d}u}$,则弧长可以表示为

$$\mathrm{d}l = \sqrt{\dot{x}_1^2 + \dot{x}_2^2 + \dot{x}_3^2}\,\mathrm{d}u$$

将上式代入式(3.9),走时表示为

$$t = \int_u^{u'} \frac{\sqrt{\dot{x}_1^2 + \dot{x}_2^2 + \dot{x}_3^2}}{v(x_1, x_2, x_3)}\,\mathrm{d}u$$

$$= \int_u^{u'} F(x_1, x_2, x_3, \dot{x}_1, \dot{x}_2, \dot{x}_3)\,\mathrm{d}u \tag{3.10}$$

其中

$$F(x_1, x_2, x_3, \dot{x}_1, \dot{x}_2, \dot{x}_3) = \frac{\sqrt{\dot{x}_1^2 + \dot{x}_2^2 + \dot{x}_3^2}}{v(x_1, x_2, x_3)}$$

式中 u、u'——A 和 A' 点的相应的值。

按照费马原理,式(3.10)表示的积分沿射线走时必须是稳定值,即沿相邻路径 $x_i + \delta x_i$ 的走时必须相同,即 t 的变分 δt 为零:

$$\delta t = \delta \int_u^{u'} F \mathrm{d}u = 0 \tag{3.11}$$

泛函的变分与函数的微分有相似的概念,不同的是函数的微分 $\mathrm{d}y$ 仅是两点之间函数值的差别,而泛函的变分 δy 是两个函数之间的差别。

由费马原理可知,对于均匀介质,沿射线的走时取极小,即射线为直线。如图 3.4 所示,射线由速度为 v_1 的介质的 A 点经界面上 O 点至速度为 v_2 的 B 点,总的走时为

$$t(x) = \frac{1}{v_1}\sqrt{a^2 + x^2} + \frac{1}{v_2}\sqrt{b^2 + (d-x)^2}$$

若 $t(x)$ 取极值,即

$$t'(x) = \frac{1}{v_1}\frac{x}{\sqrt{a^2 + x^2}} - \frac{1}{v_2}\frac{d-x}{\sqrt{b^2 + (d-x)^2}}$$

$$= \frac{\sin i_1}{v_1} - \frac{\sin i_2}{v_2} = 0$$

那么在 O 点有

$$\frac{\sin i_1}{v_1} = \frac{\sin i_2}{v_2} \tag{3.12}$$

这就是关于折射点 O 的斯内尔(Snell)定律。

费马原理,即射线传播时间最小原理,指地震波在介质中沿着旅行时间最小的路径传播,因此,在均匀介质中射线传播为直线,在非均匀介质中射线为曲线,且与波前面垂直。

惠更斯(Huygens)原理指出,震源产生振动,通过介质的质点向四周传播,形成波前面,在波前面上每一个点可以看成新的震源,通过介质的质点继续传播,叠加形成新的包络面,就是新的波前面。

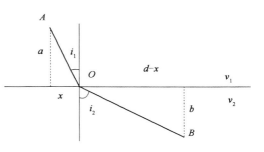

图 3.4　两点 A、B 之间波的传播路径示意图

在地震学中,根据斯内尔定律、费马原理和惠更斯原理提出了许多射线追踪方法,射线路径的计算方法大致可分为以下几类:试射法、弯曲法、波前法和迭代法。

(1)试射法,或称打靶法,这是最早提出且使用最普遍的一种射线追踪方法。其射线追踪过程是:在激发点,给定一系列射线参数初始值,然后根据斯内尔定律依次进行追踪;在接收点附近选择最接近的两条射线,通过内插,调整初始射线参数值,经过多次的调整修改,可获得满意的结果。试射法在数学上属于初值问题,它通过更改射线的初始入射角,使射线的出射点与接收点之间不断靠近,直到满足给定的精度要求为止,可实现两点之间的射线追踪计算。这种方法的最大优点是实现了射线的精确追踪,能够避开在盲区中追踪,但是在复杂结构和三维结构中比较耗时,这是该方法的不足。

(2)弯曲法,将模型进行网格化,从震源位置开始,沿波场的传播方向,按网格节点次序逐点计算旅行时,网格旅行时计算可用差分程函方程方法或根据惠更斯原理的波前方法等手段求解,然后由费马原理,从接收点按走时最小的原则逐个节点比较,找回到震源点,即得到最小走时射线。弯曲法在数学上属于两点边值问题,即固定起始点和终点,预先描述出射线旅行时方程,根据射线旅行时满足最小走时条件,导出迭代修正公式,通过修正使初始猜测的射线逐渐收敛到正确的射线路径。弯曲法充分体现了地震波的波动特点,适应速度变化的介质,但这

类方法存在以下几方面不足：①模型经过网格化近似对复杂结构描述有一定的局限性，即不能满足非常复杂的地质结构需要；②用网格节点的连线近似射线路径（即使有些方法通过插值处理），其近似程度取决于网格的大小；③按费马原理搜索射线路径，有可能失去最短射线路径，当存在多条射线路径时判断较困难，此外还不能排除射线盲区；④需要消耗大量的计算机时间和内存，不利于交互计算。

（3）波前法，是根据惠更斯原理导出的一类方法，它首先将介质分割成许多网格节点，要求射线必须经过这些网格节点，而震源点和接收点分别处于网格节点上。由震源点所处的网格节点出发，经由各节点以最小走时到达接收点的网格节点组，射线依次经过这些节点，形成最小走时射线路径。虽然此方法在节点数目增加时计算量也成比例地增加，但对于多个接收点的射线追踪与一个接收点的射线追踪的计算量基本相同，这是它的优点。

（4）迭代法，根据模型结构，已知界面函数和介质速度，建立旅行时方程，根据费马原理，对所有未知参数求偏导并令其等于0，近似展开，形成方程组，通过不断迭代收敛得到精确解。迭代法将射线追踪过程转化成给定初值的迭代问题。该方法使得射线追踪过程形式上得到简化，收敛速度较快，其不足之处是：①迭代速度与初始射线路径有关，初始射线路径越接近，迭代速度越快，反之速度越慢；②仅适应层状结构模型和速度均匀介质；③解决多条射线路径存在一定困难。

地震勘探问题归根到底是如何正确求解速度问题。速度信息不光是传统解释、处理所需的关键信息，更是未来地球物理方法所需要解决的根本问题。因此，速度建模一直是地震勘探的核心问题。基于射线理论的层析速度分析是一种建立在无限高频近似费马原理基础上的反投影速度分析方法，通过正演过程求取旅行时残差，计算层析敏感核函数（层析反演的核心是敏感核函数的求取，求取的关键是波动方程的准确求解），进而构建层析反演方程，采用反投影的反演计算得到速度更新量。

层析成像最早应用于医学影像领域。20世纪80年代，地震层析成像由Bishop(1972)等引入地球物理领域。到90年代，地震层析成为地球物理界研究的热点课题。除了少数的层析成像以Q值作为反演目标外，大部分的层析成像都围绕速度反演展开研究。近年来，地震层析越来越成为速度建模的主流方法。

国外对层析成像的研究起步较早，很多学者都做出了巨大的贡献。传统的射线走时层析成像以费马原理及Radon变换为理论基础，通过速度模型的网格离散化，以网格模型内的射线路径构建层析敏感核函数，即射线理论的Frechet导数，通过线性化的迭代反演算法，最终得到速度更新量。

在传统射线走时层析理论中，地震波是沿着震源和接收点间的一条无限细的射线传播的。实际情况下，地震波的传播是在激发和接收点间一个有限区域内的相干干涉的过程。地震波的有限带宽特征使得地震波在这个有限区域内是连续的，这个有限区域的宽度与地震波的频率、波长相关，频率越高，宽度越小。这个有限区域就是菲涅尔带。射线是有限带宽地震波在无限高频假设下的一个特例。

传统的射线旅行时层析成像基于无限高频理论，这必然导致射线在传播过程中会对高速区域进行优势采样，导致其只能反演速度扰动的低波数部分。由于射线没有宽度，因此构建的Frechet导数矩阵存在大量的零空间分量，这就给反演带来了很大的不适定性，甚至出现反演假象。实际上，地震波的传播与频率是有关系的，根据惠更斯原理，地震波可以沿着两点之间的任意路径传播，包括不遵循斯内尔定律的路径。不同频率的地震波在传播的过程中，并非是沿着假想的射线传播的,而是沿着有一定宽度的类似"管道"的路径传播的。针对射线层析成像存在的上述问题,Tarantola 等提出了波动方程层析成像方法,这种方法不需要对波场进行高频假设,因此具有更高的精度和可靠性。

地震波走时计算可以分为两大类。第一类是通过直接求解程函方程来求解走时分布,即程函方程旅行时计算方法;第二类是利用基于求解射线最短路径的方法来求解任意两点间的射线路径及走时分布,即最短路径旅行时计算方法。

第一类的代表性方法是 Vidal 提出的有限差分求解程函方程来计算走时,但这种方法只能求取一次全局最小走时,并且要求速度及界面光滑(模型由地质界面和速度场组成。在理论和实际应用中,用模型模拟地下介质要考虑地质体的外形和内部结构。射线追踪要求地质界面和速度场有一定的平滑度),这就要求走时信息要严格满足因果关系,必然造成射线无法覆盖的阴影区。Qin 提出了改进的沿波前扩展的有限差分旅行时计算方法,虽然解决了 Vidal 求解不稳定的问题,但仍然无法得到最短旅行时,反而增加了计算量。另一种方法是基于波前重构的走时计算方法,可以有效地解决上述问题,该方法可以计算多次的走时,如果进一步求解动力学射线方程,便可以计算波传播的振幅信息,从而直接应用于真振幅偏移成像等研究,但其无法确定最终出射的位置,导致与观测时间难以匹配。

第二类的代表性方法是 Moser 提出的基于离散矩形网格的最短路径解法的走时计算方法。这种方法通过求取局部极小和全局最小走时的方法来精确刻画射线路径,但是在网格节点较为稀疏时往往会造成射线路径的"之"字形偏差而影响精度,因此有学者提出了通过添加边界节点采用线性差值的方法提高计算精度,或基于抛物差值的最短路径旅行时求解方法,有效避免了这个问题,由于其反向追踪路径的特点,能够更好地与初至波层析的旅行时匹配,但此类方法网格节点的增加导致了计算时间成倍增加。

20 世纪 80 年代末以来,复杂构造情况下的克希霍夫积分叠前深度偏移技术取得了一系列的成功案例,反过来极大地促进了射线追踪方法的发展和完善,衍生出了很多有别于传统方法的走时计算方法,如波前重构旅行时计算方法等。这些方法的主要特点就是不再仅仅在对程函方程的求解与对射线路径的表述上下功夫,而是直接从惠更斯原理或费马原理出发,采用波前传播来描述旅行时的特征。

3.2　射线方程

物理上的变分法一般让泛函的自变量(函数)有小的变动,但两个端点不动,然后要求泛函的变分为零,从而求得运动方程。我们用同样的方法求射线方程。

将式(3.11)中的变分符号和积分符号互换,得

$$\delta t = \delta \int_u^{u'} F \mathrm{d}u = \int_u^{u'} \left(\sum_{i=1}^{3} \frac{\partial F}{\partial x_i} \delta x_i + \sum_{i=1}^{3} \frac{\partial F}{\partial \dot{x}_i} \delta \dot{x}_i \right) \mathrm{d}u = 0 \qquad (3.13)$$

其中,将微分和变分互换,$\delta \dot{x}_i$ 可以写成

$$\delta \dot{x}_i = \delta \left(\frac{\mathrm{d}x_i}{\mathrm{d}u} \right) = \frac{\mathrm{d}}{\mathrm{d}u} \delta x_i$$

所以式(3.13)第二项:

$$\int_u^{u'} \frac{\partial F}{\partial \dot{x}_i} \delta \dot{x}_i \mathrm{d}u = \int_u^{u'} \frac{\partial F}{\partial \dot{x}_i} \cdot \frac{\mathrm{d}}{\mathrm{d}u} \delta x_i \cdot \mathrm{d}u = \int_u^{u'} \frac{\partial F}{\partial \dot{x}_i} \mathrm{d}\delta x_i$$

分部积分得

$$\int_u^{u'} \frac{\partial F}{\partial \dot{x}_i} d\delta x_i = \frac{\partial F}{\partial \dot{x}_i} \delta x_i \Big|_u^{u'} - \int_u^{u'} \delta x_i d\left(\frac{\partial F}{\partial \dot{x}_i}\right)$$

$$= \frac{\partial F}{\partial \dot{x}_i} \delta x_i \Big|_u^{u'} - \int_u^{u'} \frac{d\left(\frac{\partial F}{\partial \dot{x}_i}\right)}{du} \delta x_i \cdot du = -\int_u^{u'} \frac{d\left(\frac{\partial F}{\partial \dot{x}_i}\right)}{du} \delta x_i \cdot du \qquad (3.14)$$

因为 A 和 A' 两点都是固定的,所以 $\delta x_i \big|_u^{u'} = 0$。将式(3.14)代入式(3.13),得

$$\delta t = \int_u^{u'} \sum_{i=1}^3 \left(\frac{\partial F}{\partial x_i} - \frac{d}{du}\frac{\partial F}{\partial \dot{x}_i}\right) \delta x_i du = 0$$

上式对任意的 δx_i 均成立,所以:

$$\frac{\partial F}{\partial x_i} - \frac{d}{du}\frac{\partial F}{\partial \dot{x}_i} = 0 \qquad (3.15)$$

这就是射线所满足的方程,称为欧拉(Euler)方程。

　　射线追踪是指给定发射点和接收点位置及介质的波速,求从发射点到接收点的射线轨迹及其走时。射线追踪方法作为一种快速有效的波场近似计算方法,对于地震波理论研究具有重要意义。

　　有效的地震波波场数值模拟方法在勘探中起着重要的作用。地震波场数值模拟的主要方法包括两大类:波动方程法和几何射线法。波动方程法实质上是求解波动方程,因此模拟的地震波场包括了地震波传播的所有信息,但其计算速度相对于几何射线法较慢。几何射线法也就是射线追踪法,是波动方程的高频近似,属于几何地震学方法。由于几何射线法将地震波波动理论简化为射线理论,所以该方法主要考虑的是地震波传播的运动学特征,即旅行时和射线路径。几何射线法虽然缺少地震波传播的动力学信息,即振幅等,应用时有一定的限制条件,但是概念明确、显示直观、运算方便,具有很强的适用性。

　　几何射线法所用原理为射线追踪基本原理。根据对射线不同的追踪要求,几何射线法可以分为两种,即动力学射线追踪和运动学射线追踪。动力学射线追踪考虑了振幅等动力学信息;运动学射线追踪主要是根据费马原理和惠更斯原理,以及由两者导出的折射定理,继而得到程函方程。在追踪的过程中,运动学射线追踪只考虑了射线的旅行时和射线路径。

　　几何射线法是地震勘探中一个非常重要的方法。根据运动学射线追踪理论可知,波在介质中传播满足斯内尔定律、费马原理和惠更斯原理,所有射线追踪方法基本上是围绕这三个基本原理展开的。

3.3　球对称模型中的地震射线

　　球对称介质是把地球看成由无限多个厚度无限薄的均匀层构成。这种简化的地球模型,具有球对称性。球内各种参数(如波速、密度等)只是随球的半径大小的增减而变化,即它们仅是半径 r 的函数,因而也称为径向非均匀介质。

3.3.1　球对称介质中的斯内尔定律

　　在如图 3.5 所示的同心球层组成的球对称介质中,射线与两个界面的交点分别为 A_1、A_2,在速度为 v_1 的球层中,射线为 A_0A_1;在速度 v_2 的球层中,射线为 A_1A_2。根据斯内尔折射定

律,有

$$\frac{\sin i_1}{\sin i_1'} = \frac{v_1}{v_2}$$

在 $\triangle OA_1A_2$ 中,由正弦定理,有

$$\frac{r_2}{\sin i_1'} = \frac{r_1}{\sin(\pi - i_2)}$$

由以上两式得

$$\frac{r_1 \sin i_1}{v_1} = \frac{r_2 \sin i_2}{v_2} = p(常数) \qquad (3.16)$$

可以想象,令层数无限增加,层的厚度无限减小,就过渡到速度连续变化的情形,即 $v = v(r)$,射线由折线变成一条光滑的曲线,在射线上的任一点都有

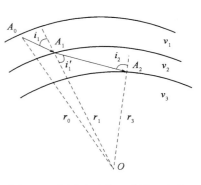

图 3.5　分层球对称地球模型中的射线路径

$$\frac{r_0 \sin i_0}{v_0} = \frac{r_i \sin i_i}{v_i} = p \qquad (3.17)$$

式中　r_0——地球半径;

　　i_0、v_0——地表处入射角和波速;

　　i_i——射线与法线(半径 r)的夹角;

　　p——射线参数,沿射线为常数。

　　式(3.17)就是球对称介质中的折射定律,也称为球对称介质的射线方程,若令

$$\eta(r) = \frac{r}{v(r)} \qquad (3.18)$$

则射线参数 p 表示为

$$p = \eta_0 \sin i_0 = \eta_i \sin i_i \qquad (3.19)$$

可以看出,当半径和地面上的速度给定后,射线参数只与射线对地面的入射角有关。不同的 p 值对应不同的入射角,或者说,对应不同形状的射线。

3.3.2　本多夫定律

　　如图 3.6 所示,自震源 E 发出的任意两条相邻射线 EA 和 EB,它们出射到地面的距离相差 $d\Delta$,AC 为它们的波阵面,$\triangle ABC$ 可视为直角三角形。

　　两条射线的长度相差为

$$\overline{CB} = d\Delta \cdot \sin i_0 = r_0 \sin i_0 d\theta$$

波沿 $\overline{CB}$ 传播时间为

$$dt = \frac{\overline{CB}}{v_0} = \frac{r_0 \sin i_0 d\theta}{v_0} = \frac{d\Delta \sin i_0}{v_0}$$

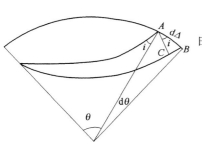

图 3.6　球对称介质中的相邻射线

由上式可知

$$\begin{cases} \dfrac{v_0}{d\Delta / dt} = \sin i_0 \\[3mm] \dfrac{dt}{d\theta} = \dfrac{r_0 \sin i_0}{v_0} \end{cases} \qquad (3.20)$$

式(3.20)还可写成

$$\begin{cases} \dfrac{v_0}{\bar{v}_0} = \sin i_0 \\[2mm] \dfrac{\mathrm{d}t}{\mathrm{d}\theta} = \dfrac{R \sin i_0}{v_0} = p \end{cases} \tag{3.21}$$

式中,$\mathrm{d}\Delta / \mathrm{d}t = \bar{v}_0$ 即沿地表的视速度。

式(3.21)第一式表示地震波的真速度与视速度之间的关系。第二式表示射线参数 p 与走时曲线的关系。由走时曲线的斜率可求出射线参数 p,这就是本多夫(Benndorf)定律。

本多夫定律表示相邻射线之间的关系。这样就把实测数据和抽象的射线参数联系起来了。

3.3.3　走时曲线

下面推导走时曲线的方程(时距方程)。

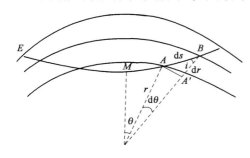

图 3.7　球对称介质中的射线路径

如图 3.7 所示,设 $EMAB$ 服从斯内尔定律的射线,从任意一点 A 到 B 这一小段,射线弧长为 $\mathrm{d}s$,$\overline{A'B} = \mathrm{d}r$,$\angle AOB = \mathrm{d}\theta$,$\angle ABO = i$,则

$$(\mathrm{d}s)^2 = (\mathrm{d}r)^2 + (r\mathrm{d}\theta)^2 \tag{3.22}$$

由 $\sin i = \dfrac{r\mathrm{d}\theta}{\mathrm{d}s}$ 及射线方程 $\dfrac{r\sin i}{v} = p$ 得

$$\mathrm{d}s = \frac{r^2 \mathrm{d}\theta}{pv}$$

将其代入式(3.22),得

$$\left(\frac{r^2 \mathrm{d}\theta}{pv} \right)^2 = (\mathrm{d}r)^2 + (r\mathrm{d}\theta)^2$$

整理,得

$$\mathrm{d}\theta = \pm \frac{p\mathrm{d}r}{r \sqrt{(r/v)^2 - p^2}} \tag{3.23}$$

式中,正负表示顶点的两边。

对式(3.23)积分,得射线的参数方程:

$$\theta = 2 \int_{r_P}^{r_0} \frac{p}{r \sqrt{(r/v)^2 - p^2}} \mathrm{d}r \tag{3.24}$$

式中　r_P——射线顶点的半径,见图 3.11。

由于

$$\mathrm{d}t = \frac{\mathrm{d}s}{v} = \frac{r^2}{v^2 p} \cdot \mathrm{d}\theta$$

将式(3.23)代入上式并积分得

$$t = 2 \int_{r_P}^{r_0} \frac{r}{v^2 \sqrt{(r/v)^2 - p^2}} \mathrm{d}r \tag{3.25}$$

这就是射线的走时参数方程。式(3.25)是以 p 为参数的时距方程组。

走时参数方程还可以写成

$$t = 2 \int_{r_P}^{r_0} \frac{r}{v^2 \sqrt{(r/v)^2 - p^2}} \mathrm{d}r = 2 \int_{r_P}^{r_0} \frac{p^2 + \dfrac{r^2}{v^2} - p^2}{r \sqrt{(r/v)^2 - p^2}} \mathrm{d}r$$

$$= 2p \int_{r_P}^{r_0} \frac{p\mathrm{d}r}{r \sqrt{(r/v)^2 - p^2}} + 2 \int_{r_P}^{r_0} \frac{(r/v)^2 - p^2}{r \sqrt{(r/v)^2 - p^2}} \mathrm{d}r$$

$$= p\theta + 2\int_{r_P}^{r_0} \frac{\sqrt{(r/v)^2 - p^2}}{r} dr$$

令 $\eta = r/v$，则上式变为

$$t = p\theta + 2\int_{r_P}^{R} (\eta^2 - p^2)^{\frac{1}{2}} \cdot \frac{dr}{r} \tag{3.26}$$

这就是走时和距离的关系，又称为走时曲线方程或时距方程。将走时与距离的关系 $t(\theta)$ 画成图，称为走时曲线，曲线的斜率为射线参数 p（图3.8）。

在实际观测中，对于表面震源，也写成

$$\begin{cases} p = \dfrac{dT}{d\Delta} \\ T = p\Delta + 2\int_{r_P}^{r_0} (\eta^2 - p^2)^{\frac{1}{2}} \cdot \dfrac{dr}{r} \\ \Delta(p) = 2p\int_{r_P}^{r_0} (\eta^2 - p^2)^{-\frac{1}{2}} \cdot \dfrac{dr}{r} \end{cases} \tag{3.27}$$

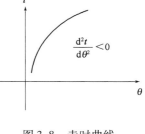

图3.8　走时曲线

式中　T——走时；
　　　Δ——震中距。

图3.9是 $h=0$ 时 J – B 走时曲线图，是最著名的全球平均地震 J – B 走时曲线，由杰出的地震学家杰弗里斯（H. Jeffreys）爵士及其学生布伦（Bullen）利用大量地震观测结果制定（图3.10），地震学界一直用它作为标准确定实测地震波和标准模型的偏差。

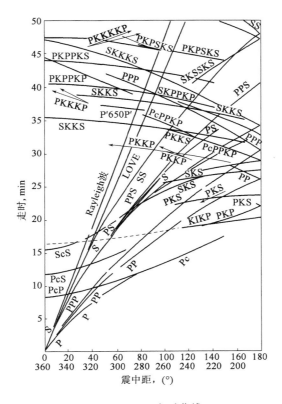

图3.9　J – B 走时曲线

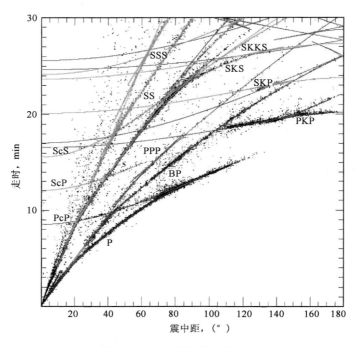

图 3.10 J – B 走时曲线的绘制

3.3.4 射线的曲率

3.3.4.1 顶点

如图 3.11 所示,从震源 E 发出的射线到达 S 点,P 点为射线的顶点(最低或最高点)。据球对称介质中的射线定律:

$$\frac{r_0 \sin i_0}{v_0} = \frac{r \sin i}{v} = p$$

当 $i = 90°$ 时,$r = r_P$,r_P 为射线定点 P 的半径。此时射线方程为

$$p = \frac{r_P}{v(r_P)} \tag{3.28}$$

在连续球对称介质中,表面震源发出的地震射线是对称于顶点的曲线,地震射线只要能出射到地面,就只有一个顶点,在顶点处入射角 $i = \pi/2$。

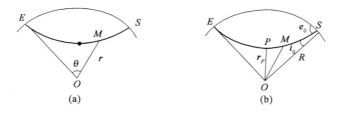

图 3.11 射线路径及射线的顶点

3.3.4.2 射线的曲率

平面曲线的曲率就是针对曲线上某个点的切线方向角对弧长的转动率,通过微分来定义。曲率表明曲线偏离直线的程度。射线的曲率可以直接由曲率的定义来求。

如图 3.12 所示,设 FJ 是一条从震源 F 到地表 J 点的地震射线,L 是射线的最低点。射线上 P 点的坐标为 $P(r,\theta)$,$\overline{PM}$ 是射线点 P 的切线,$\overline{PN}$ 是射线点 P 的法线,M 和 N 分别是它们与 $\overline{OL}$ 及其延长线的交点。$\omega = \angle PNL$;$\psi = \angle PML$;$i = \angle MPO$,为射线上 P 点的入射角;s 为弧长 $\overparen{PL}$;ρ 为曲率半径。

图 3.12 射线的曲率

射线的曲率为

$$\frac{1}{\rho} = \frac{\mathrm{d}\omega}{\mathrm{d}s} \qquad (3.29)$$

由图 3.13 可知

$$\omega = \frac{\pi}{2} - \psi, \psi = i + \theta$$

所以

$$\omega = \frac{\pi}{2} - i - \theta$$

即

$$\mathrm{d}\omega = -\mathrm{d}i - \mathrm{d}\theta$$

射线的曲率式(3.29)变为

$$\frac{1}{\rho} = -\frac{\mathrm{d}i}{\mathrm{d}s} - \frac{\mathrm{d}\theta}{\mathrm{d}s} \qquad (3.30)$$

由 $\sin i = \dfrac{r\mathrm{d}\theta}{\mathrm{d}s}$ 得 $\dfrac{\mathrm{d}\theta}{\mathrm{d}s} = \dfrac{\sin i}{r}$,由 $\cos i = \dfrac{\mathrm{d}r}{\mathrm{d}s} = \dfrac{\mathrm{d}i}{\mathrm{d}s} \cdot \dfrac{\mathrm{d}r}{\mathrm{d}i}$ 得 $\dfrac{\mathrm{d}i}{\mathrm{d}s} = \cos i \cdot \dfrac{\mathrm{d}i}{\mathrm{d}r}$,将其代入射线曲率方程(3.30),得

$$\frac{1}{\rho} = -\cos i \frac{\mathrm{d}i}{\mathrm{d}r} - \frac{\sin i}{r} \qquad (3.31)$$

射线方程 $r\sin i/v = p$ 两边求微分,得

$$\frac{\sin i}{v} + \frac{r\cos i}{v} \cdot \frac{\mathrm{d}i}{\mathrm{d}r} - \frac{r\sin i}{v^2} \cdot \frac{\mathrm{d}v}{\mathrm{d}r} = 0$$

解出

$$\frac{\mathrm{d}i}{\mathrm{d}r} = \left(-\frac{\sin i}{v} + \frac{r\sin i}{v^2} \cdot \frac{\mathrm{d}v}{\mathrm{d}r} \right) \cdot \frac{v}{r\cos i} \qquad (3.32)$$

将式(3.32)代入式(3.31),得

$$\frac{1}{\rho} = -\frac{\sin i}{v} \cdot \frac{\mathrm{d}v}{\mathrm{d}r} = -\frac{p}{r} \cdot \frac{\mathrm{d}v}{\mathrm{d}r} \qquad (3.33)$$

这就是射线曲率方程,其中 $v = v(r)$ 为波的传播速度,$\mathrm{d}v/\mathrm{d}r$ 为速度的变化率。可以看出,$\mathrm{d}v/\mathrm{d}r$ 越大,曲率半径 ρ 越小,射线越弯曲。

根据式(3.33),我们对射线的几何性质作一些简单的讨论。

(1)若 $v(r) = v_0$,v_0 为常数,即 $\dfrac{\mathrm{d}v}{\mathrm{d}r} = 0$,则 $\rho \to \infty$,射线是一条直线。

(2)若 $v(r)$ 随深度的增加而增加,即 $\mathrm{d}v/\mathrm{d}z > 0$,或者说随 r 的减小而增加,即 $\dfrac{\mathrm{d}v}{\mathrm{d}r} < 0$,则 $\rho > 0$,射线凸向球心并有最低点,如图 3.14(a)所示。

(3)若 $v(r)$ 随深度的增加而减小,即 $\mathrm{d}v/\mathrm{d}z < 0$,或 $\dfrac{\mathrm{d}v}{\mathrm{d}r} > 0$,则 $\rho < 0$,射线凸向地表。这时有三种情况:

第一种情况是 $0 < \dfrac{\mathrm{d}v}{\mathrm{d}r} < \dfrac{v}{r}$，此种情况下 $-\dfrac{1}{\rho} = \dfrac{\sin i}{v} \cdot \dfrac{\mathrm{d}v}{\mathrm{d}r} < \dfrac{\sin i}{r} < \dfrac{1}{r}$，即曲率半径 $|\rho| > r$，如图 3.14（b）所示。

第二种情况是 $\dfrac{\mathrm{d}v}{\mathrm{d}r} = \dfrac{v}{r}$，此时，$v = Cr$（$C$ 为常数），$-\dfrac{1}{\rho} = \dfrac{\sin i}{v} \cdot \dfrac{\mathrm{d}v}{\mathrm{d}r} = \dfrac{\sin i}{r}$。此时射线方程为 $p = \dfrac{\sin i}{C}$，或 $\sin i = Cp$，表明射线的入射角保持不变。

当射线的入射角 $i < 90°$ 时，则

$$\sin i = \frac{r\mathrm{d}\theta}{\mathrm{d}s} = \frac{r\mathrm{d}\theta}{\sqrt{(r\mathrm{d}\theta)^2 + (\mathrm{d}r)^2}} = Cp$$

整理得

$$\left(\frac{\mathrm{d}r}{r}\right)^2 = A^2(\mathrm{d}\theta)^2$$

其中

$$A = \frac{1}{C^2 p^2} - 1$$

积分得

$$\ln r = \pm A\theta + b$$

则

$$r = r_0 \mathrm{e}^{\pm A\theta} \qquad (\theta = 0, r = r_0)$$

式中　A——常量；

　　　　b——积分常数。

　　　　r_0——地球半径。

上式是螺旋线方程。结果表明，在这种情况下，地震射线呈螺旋线卷入地心，如图 3.14（c）所示。

当 $i = 90°$ 时，$-\dfrac{1}{\rho} = \dfrac{\sin i}{r} = \dfrac{1}{r}$，波沿地表掠射时，射线为圆周线，如图 3.15 所示。

第三种情况是 $\dfrac{\mathrm{d}v}{\mathrm{d}r} > \dfrac{v}{r}$。此时 $-\dfrac{1}{\rho} = \dfrac{\sin i}{v} \cdot \dfrac{\mathrm{d}v}{\mathrm{d}r} > \dfrac{\sin i}{r}$，曲率半径总是小于 $\dfrac{\mathrm{d}v}{\mathrm{d}r} = \dfrac{v}{r}$ 情况下的曲率半径，因此射线更快地卷入地心。

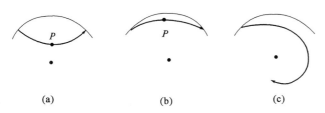

(a)　　　　　　(b)　　　　　　(c)

图 3.14　不同地球速度模型中的射线特征

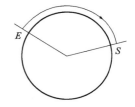

图 3.15　射线为圆周线

3.3.4.3　走时曲线出射地表的条件

对于表面震源［图 3.11（b）］，即震中距范围为 $0° < \theta < 180°$，入射角范围为 $0° < i_0 < 90°$，出射角范围为 $0° < e_0 < 90°$，则

$$p = \frac{r_0 \sin i_0}{v_0} = \frac{r_0 \cos e_0}{v_0} = \frac{\mathrm{d}t}{\mathrm{d}\theta}$$

当 e_0 从 0°变化到 90°时（θ 增加），参数 p 从 r_0/v_0 下降到 0（p 下降），即走时曲线的斜率下降，其二次微商为

$$\frac{d^2t}{d\theta^2} = \frac{d}{d\theta}\left(\frac{dt}{d\theta}\right) = \frac{d}{d\theta}p = \frac{d}{d\theta}\left(\frac{r_P}{v_P}\right) = \frac{dr_P}{d\theta} \cdot \frac{d}{dr_P}\left(\frac{r_P}{v_P}\right)$$

$$= \frac{dr_P}{d\theta} \cdot \frac{v(r_P) - r_P \cdot dv'(r_P)}{v^2(r_P)} = \frac{dr_P}{d\theta}\frac{r_P}{v^2(r_P)}\left(\frac{v(r_P)}{r_P} - \frac{dv(r_P)}{dr_P}\right) < 0$$

对于能出射到地面的射线,其顶点的半径 r_P 随 θ 的增大而逐渐减小,故 $dr_P/d\theta < 0$。为保证 $d^2t/d\theta^2 < 0$,则必须有

$$\frac{v(r_P)}{r_P} - \frac{dv_P}{dr_P} > 0 \quad \text{或} \quad \frac{dv_P}{dr_P} < \frac{v(r_P)}{r_P}$$

或写为

$$\frac{dv}{dr} < \frac{v}{r} \tag{3.34}$$

这就是射线能够出射到地表的条件,也是走时曲线存在的条件或射线存在顶点的条件。

3.3.5 地球内部速度变化对射线形状和走时曲线的影响

利用不等式(3.34)继续作进一步的讨论。

3.3.5.1 速度连续变化的情况

$dv/dr < 0$,介质中的速度随半径的减小而增大,或者说,速度随深度的增加而增加 $(dv/dz > 0, z = r_0 - r)$,射线弯向地表[图 3.14(a)]。

$dv/dr = 0$,介质速度为常数,射线为直线。

$dv/dr > 0$,介质中的速度随半径的减小而减小,或者说,速度随深度增加而减小,射线弯向球心。符合不等式时,射线曲率小于地表的曲率,能出射到地面[图 3.14(b)];不符合不等式时,射线螺旋形地弯向地心[图 3.14(c)]。

实际上,地球内部的地震波速度总体上是随深度增加而增加的。但地球内部还存在一些速度异常层及间断面,它们对射线的几何形状及走时曲线都有影响。

3.3.5.2 高速层与高速界面

如图 3.16(a)所示,在地球内部 r_1 至 r_2 的范围内,速度随深度的增加比这个范围上下的介质中的速度都快,即 dv/dr 的值相对地大,此层称为高速层:

$$\begin{cases} \dfrac{dv(r)}{dr} < 0 \quad \text{且值大} \quad (r_1 > r > r_2) \\ \dfrac{dv(r)}{dr} < 0 \qquad\qquad (r_0 > r > r_1, r < r_2) \end{cases} \tag{3.35}$$

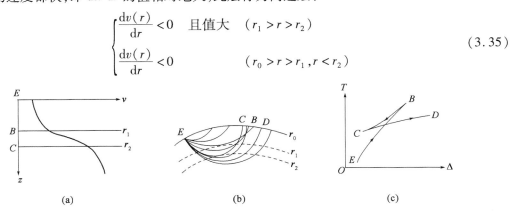

(a)   (b)   (c)

图 3.16　地球内部高速层和高速界面对应的射线特征及走时曲线

如图 3.16(b)所示,地球内部存在高速度层,该层内速度随深度增加的梯度迅速变大,使得该层内射线弯曲得特别厉害,穿透较深的射线反而在穿透较浅的射线之前近距离出射,使走时曲线上出现"打结"的现象。在 $r_1 < r < r_0$ 介质内传播的地震射线,其走时曲线是顺行的。穿透到 $r_2 < r < r_1$ 介质内的地震射线,由于地球速度的快速变化,其走时曲线是逆行的。当一部分射线进入 $r < r_2$ 介质,其走时曲线又变为顺行的。从顺行到逆行,再回到顺行,走时曲线出现三次往返[图 3.16(c)]。这三次往返的端点叫焦散点。由于不同离源角的射线在同一距离到达,因此在这些点出现了能量的集中(图 3.14 走时曲线中 B 和 C 点是焦散点)。

当 $r_1 = r_2$ 且 $\mathrm{d}v/\mathrm{d}r \to -\infty$ 时,此界面称为高速界面(高速度间断面)。高速层因为速度连续,无反射震相和首波,只有直达波和折射波,厚层和薄层没有本质的区别。高速界面是速度不连续的界面,还存在反射震相和首波

莫霍(Moho)面是一个高速间断面,界面上的 P 波速度为 6.3km/s,界面下的速度为8.2km/s。当波射线遇到该界面时,会出现曲率加大的现象,使走时曲线出现回折。

3.3.5.3 低速层与低速界面

如图 3.17(a)所示,在地球内部 r_1 至 r_2 的范围内,速度随深度的增加而减小,而在此范围之外速度随深度增加而增加。那么,在 r_1 至 r_2 的层称为低速层:

$$
\begin{cases}
\dfrac{\mathrm{d}v(r)}{\mathrm{d}r} > \dfrac{v(r)}{r} & (r_1 > r > r_2) \\[2mm]
\dfrac{\mathrm{d}v(r)}{\mathrm{d}r} < \dfrac{v(r)}{r} \quad \text{且} \quad \dfrac{\mathrm{d}v(r)}{\mathrm{d}r} < 0 & (r_0 > r > r_1, r < r_2)
\end{cases}
\tag{3.36}
$$

可看出,在低速层中,射线不满足不等式。如图 3.17(c)所示,经低速层的射线不会向上弯曲而是弯向地心,但穿过低速层后,由于 $r < r_2$,地层中的速度又随深度增加而增加,射线又能向上弯曲,最终出射地表。射线在地表出现影区或盲区,相应的走时曲线出现间断,如图 3.17(b)所示。

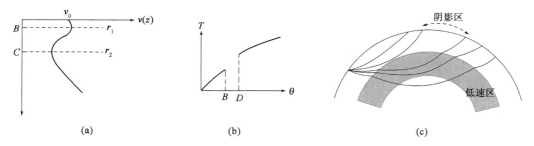

(a)   (b)   (c)

图 3.17 地球内部低速层和低速界面对应的射线特征及走时曲线

当 $r_1 = r_2$ 且 $\mathrm{d}v/\mathrm{d}r \to +\infty$ 时,此界面称为低速间断面。

核幔界面是一个低速间断面,界面上的 P 波速度为 13.6km/s,界面下的速度为 8.0km/s,当波射线遇到该界面时,形成 P 波的影区 105°~142°。

由于走时曲线的回折及间断,可得到地球内部高速层、高速界面、低速层及低速界面(图 3.18),这些也正是地球物理学家感兴趣的地球内部的特殊区域。

以上是速度分布与射线之间的关系,射线的形状最终决定走时曲线有不同的表现。高速层和高速界面都会出现走时曲线斜率的变化,低速层和低速界面都会出现走时间断,地表上表现为阴影区,这可以帮助定性了解地球的结构。

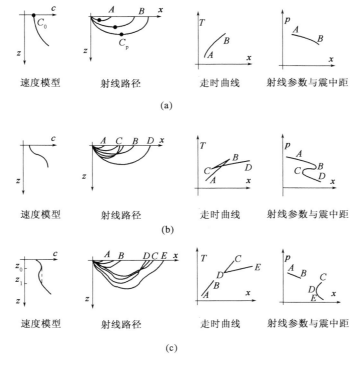

速度模型　　射线路径　　走时曲线　　射线参数与震中距

(a)

速度模型　　射线路径　　走时曲线　　射线参数与震中距

(b)

速度模型　　射线路径　　走时曲线　　射线参数与震中距

(c)

图 3.18　三种不同的典型速度结构模型

3.4　水平分层模型中的地震射线

3.4.1　射线走时方程

在近震范围内(震中距小于 1000km),可以忽略地球的曲率。由于地球介质物性在水平方向的变化远小于其垂直向变化(前者通常是后者的 10% ~ 20%),因此,在许多研究中,为简单起见,将地球介质简化成横向均匀各向同性的弹性介质,也就是说,将地球介质近似成地震波速度只随深度变化的简单模型,如图 3.19(a)所示。

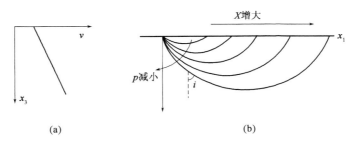

图 3.19　介质速度结构确定射线的形状

如图 3.19 所示,射线的入射角或射线参数与传播介质的速度结构共同决定射线的路径及传播距离、穿透深度和走时等。考虑震源所辐射的一条初始入射角为 i_0 的射线,射线上任何一点的深度为 x_{30},设该射线所能穿透的地球最深的深度为 Z,由斯内尔定律得

$$p = \frac{\sin i_0}{c(x_{30})} = \frac{\sin i}{c(x_3)} = \frac{1}{c(Z)} \qquad (3.37)$$

$$\sin i = \frac{\mathrm{d}x_1}{\mathrm{d}s} = c(x_3)p \qquad (3.38)$$

$$\cos i = \frac{\mathrm{d}x_3}{\mathrm{d}s} = \sqrt{1 - \sin^2 i} = \sqrt{1 - c^2 p^2}$$

$$\mathrm{d}x_1 = \mathrm{d}s \sin i = \frac{\mathrm{d}x_3}{\cos i} \sin i = \frac{cp}{\sqrt{1 - c^2 p^2}} \mathrm{d}x_3 \qquad (3.39)$$

对地表震源,则有

$$X(p) = 2 \int_0^{Z(p)} \frac{cp}{\sqrt{1 - c^2 p^2}} \mathrm{d}x_3 = 2p \int_0^{Z(p)} \frac{\mathrm{d}x_3}{\sqrt{\eta^2 - p^2}} \qquad (3.40\mathrm{a})$$

$$T(p) = 2 \int_0^{Z(p)} \frac{\mathrm{d}s}{c(x_3)} = 2 \int_0^{Z(p)} \frac{\mathrm{d}x_3}{c(x_3)\cos i} = 2 \int_0^{Z(p)} \frac{\eta^2}{\sqrt{\eta^2 - p^2}} \mathrm{d}x_3 \qquad (3.40\mathrm{b})$$

其中
$$\eta = 1/c$$

式中　η——慢度;

　　$Z(p)$——射线顶点的深度。

由式(3.40)还可进一步推导:

$$T(p) = pX + 2 \int_0^{Z(p)} \sqrt{\eta^2 - p^2}\, \mathrm{d}x_3 = pX + 2 \int_0^{Z(p)} \gamma(x_3)\, \mathrm{d}x_3 \qquad (3.41)$$

其中
$$\gamma = \cos i / c = \eta \cos i$$

式中,γ 称为垂直慢度。

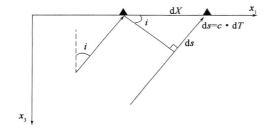

图 3.20　视慢度意义的物理解释

如图 3.20 所示,假设一束平面波入射到地面距离为 $\mathrm{d}X$ 的相邻两个台,射线到达这两个台的到时差为 $\mathrm{d}T$,由图可知

$$\mathrm{d}X = \frac{\mathrm{d}s}{\sin i} = \frac{c\mathrm{d}T}{\sin i} \qquad (3.42)$$

由于 $\sin i / c = p$,所以有

$$p = \frac{\mathrm{d}T}{\mathrm{d}X} \qquad (3.43)$$

因此射线参数 p 也称为水平慢度或视慢度(apparent slowness)。实际上,由式(3.41)也能从数学上推导出式(3.43)的结果。这可作为本章的一个练习,由读者自己推导。

由于函数 $T(p)$ 本身出现交叉,而 $X(p)$ 不出现交叉(每个 p 值只有一个 X 值),同时逆函数 $p(X)$ 有多个值(图 3.18)。一个更巧妙的函数是以下组合:

$$\tau(p) = T - pX = 2 \int_0^{Z(p)} \sqrt{\eta^2 - p^2}\, \mathrm{d}x_3 \qquad (3.44)$$

这就是 $\tau(p)$ 函数,它是射线参数 p 的单值函数,与走时方程(3.41)式比较,其与射线参数 p 的关系更为简单。$\tau(p)$ 的引入可简化对走时曲线的分析。注意到 $\eta(Z) = p$(射线顶点),则有

$$\frac{\mathrm{d}\tau}{\mathrm{d}p} = \frac{\mathrm{d}}{\mathrm{d}p} 2 \int_0^{z_p} (\eta^2 - p^2)^{1/2} \mathrm{d}x_3 = -2p \int_0^{z_p} \frac{\mathrm{d}x_3}{(\eta^2 - p^2)^{1/2}}$$

于是有
$$\frac{\mathrm{d}\tau}{\mathrm{d}p} = -X \qquad (3.45)$$

$\tau(p)$ 曲线的斜率为 $-X$。因为 $X \geqslant 0$，所以 $\tau(p)$ 曲线总是下降或单调下降，即使 $X(T)$ 出现三次往返，$\tau(p)$ 曲线仍然单调下降（$\mathrm{d}\tau/\mathrm{d}p < 0$）。另外，$\tau$ 的二阶导数较简单，为

$$\frac{\mathrm{d}^2\tau}{\mathrm{d}p^2} = \frac{\mathrm{d}}{\mathrm{d}p}(-X) = -\frac{\mathrm{d}X}{\mathrm{d}p}$$

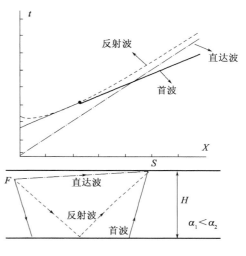

图 3.21 单层地壳模型中的地震波及
相应走时曲线

3.4.2 单层水平地壳模型中地震波走时曲线

如图 3.21 所示为单层地壳中传播的波及相应的走时曲线，设一速度为 α_2 的半无限弹性介质上覆盖一厚度为 H、速度为 α_1（并设 $\alpha_1 < \alpha_2$）的单层均匀地壳，地壳中震源 F 的深度为 h，接收点 S（地震台）在上层介质的表面。

（1）直达 P 波和直达 S 波震相，分别记为 Pg 和 Sg。

直达波的走时方程为

$$\begin{cases} T_P = \dfrac{\sqrt{X^2 + h^2}}{\alpha_1} \approx \dfrac{X}{\alpha_1} & (\text{当 } X \gg h \text{ 时近似成立}) \\[3mm] T_S = \dfrac{\sqrt{X^2 + h^2}}{\beta_1} \approx \dfrac{X}{\beta_1} & (\text{当 } X \gg h \text{ 时近似成立}) \end{cases} \qquad (3.46)$$

若取地壳 P 波平均速度为 6.2km/s，S 波平均速度为 3.5km/s，由以上近似式可得

$$X = \frac{\alpha_1 \beta_1}{\alpha_1 - \beta_1} \cdot (T_S - T_P) \approx (8\text{km/s}) \cdot (T_S - T_P)$$

式中，$T_S - T_P$ 为 S 波与 P 波的走时差，$\alpha_1\beta_1/(\alpha_1 - \beta_1)$ 为研究区的虚波速度。上式说明，对于近震，若从地震图上读取得 P 波和 S 波的到时差，根据该地区的虚波速度与到时差的乘积，可以迅速估计记录台站与震中的距离。

（2）地壳底面反射波震相，分别记为 PmP 和 SmS。

反射波的走时方程为

$$\begin{cases} T_{PmP} = \dfrac{\sqrt{X^2 + (2H - h)^2}}{\alpha_1} \approx \dfrac{X}{\alpha_1} & (X \gg 2H - h) \\[3mm] T_{SmS} = \dfrac{\sqrt{X^2 + (2H - h)^2}}{\beta_1} \approx \dfrac{X}{\beta_1} & (X \gg 2H - h) \end{cases} \qquad (3.47)$$

可以看出，反射波走时曲线在震中距较大的地方将趋近于直达波的走时曲线。

（3）首波震相，分别记为 Pn 和 Sn。

假设地壳是单层地壳，地壳厚度为 H，地表震源 E，什么样的震中距可以观测到首波？

如图 3.22 所示，设 Pn 或 Sn 的路径为 $EFGS$，其走时为

$$T_{Pn,Sn} = \frac{\overline{EF} + \overline{GS}}{v_1} + \frac{\overline{FG}}{v_2}$$

且
$$\sin i_0 = \cos i_0 = v_1/v_2$$

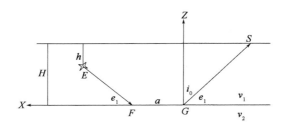

图 3.22　单层地壳模型中的首波射线路径示意图

则

$$\sin e_1 = \sqrt{\frac{v_2^2 - v_1^2}{v_2^2}}$$

由图 3.22 可以看出

$$\overline{FE} = \frac{H - h}{\sin e_1}, \overline{GS} = \frac{H}{\sin e_1}, \overline{FG} = \Delta - (2H - h)\cot e_1$$

因而：

$$
\begin{aligned}
T_{\mathrm{Pn,Sn}} &= \frac{2H - h}{v_1 \sin e_1} + \frac{\Delta - (2H - h)\cot e_1}{v_2} \\
&= \frac{2H - h}{v_1}\sin e_1 + \frac{\Delta}{v_2}
\end{aligned}
\tag{3.48}
$$

其走时曲线是斜率为 $1/v_2$ 的直线。

另外，当 $\overline{FG} = 0$ 时，震中距为

$$\Delta_0 = (2H_1 - h)\cot e_0 \tag{3.49}$$

它是首波出现的最小距离，当 $\Delta < \Delta_0$ 时，首波不出现，Δ_0 一般为几十千米至 100km 左右。实际观测中，在临界震中距 Δ_0 附近记录的地震图上一般是找不到首波震相的，主要原因是 Pn 波是沿莫霍界面传播的次生波源的波，通常较 Pg 波弱，容易被 Pg 波所覆盖。

另外，当 $h = 0$ 时，首波先于直达波出现的最小震中距为

$$\Delta^* = 2H\sqrt{\frac{v_2 + v_1}{v_2 - v_1}} \tag{3.50}$$

3.4.3　多层地壳模型中的地震震相与走时曲线

实际地壳结构可能有多个分层。图 3.23 表示多层地壳中波传播的路径。

对多个水平分层介质，假设震源在地表，应该有

$$\frac{\sin i_1}{c_1} = \frac{\sin i_2}{c_2} = \frac{\sin i_k}{c_k} = \frac{1}{c_{n+1}} = p \tag{3.51}$$

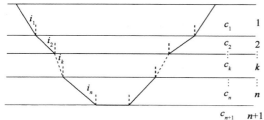

对最大穿透至第 n 层顶部的折射波，其在第 k 层中的走时为

$$
\begin{aligned}
\Delta t_k &= \frac{2D_k}{c_k} = \frac{2D_k(\sin^2 i_k + \cos^2 i_k)}{c_k} \\
&= \frac{2D_k \sin i_k}{c_n} + \frac{2h_k \cos i_k}{c_k} = pX_k + 2h_k \eta_k
\end{aligned}
$$

图 3.23　多层地壳模型中波传播的路径

$$\tag{3.52}$$

其中
$$\eta_k = \cos i_k / c_k = \sqrt{1 - p^2 c_k^2} / c_k$$

式中　X_k——穿过 k 层的两段射线的水平投影长度。

最大穿透至第 n 层底部的折射波的总走时为

$$T = pX + 2\sum_{k=1}^{n} h_k \eta_k \tag{3.53}$$

式中　X——地表震源（震中）至接收点的水平距离，即震中距。

比较式（3.41）与式（3.53）可以看到，分层模型的走时方程与速度随深度连续变化的地球模型走时方程非常一致。实际上，速度随深度连续变化的地球模型是分层模型层厚趋于 0 的极限表达。

我们再讨论一个经常在实际中应用的模型——两层地壳模型（图 3.24）。

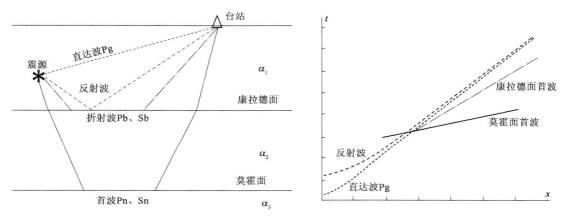

图 3.24　两层地壳模型中的地震波及相应的走时曲线

我们考虑如下两种情形：

（1）$\alpha_1 < \alpha_2 < \alpha_3$。这种情形下，大于一定震中距的地震台除了能记录到通常的 P 波和 S 波直达波震相和反射波震相外（图 3.25），还可以记录到来自上下地壳分界面（称为康拉德面）的首波（记为 Pb、Sb）和莫霍面的首波（记为 Pn、Sn）。由式（3.45），我们不难写出来自这两个界面的首波走时方程分别为

$$T_1 = pX + 2h_1 \eta_1 \qquad \left(p = \frac{1}{\alpha_2} \right) \tag{3.54}$$

$$T_2 = pX + 2h_1 \eta_1 + 2h_2 \eta_2 \qquad \left(p = \frac{1}{\alpha_3} \right) \tag{3.55}$$

实际观测中，Pb、Sb 震相远不如 Pn、Sn 和 Pg、Sg 震相那么容易识别，主要原因有两个：①康拉德面与莫霍面不同，不是全球性地壳中的速度间断面，有些区域不存在，因而观测不到 Pb、Sb 等与康拉德面相关的震相；②有些区域虽然存在清晰的上下地壳分界面，但由于下地壳层薄，以致来自康拉德面的折射波 Pb、Sb 不能首先到达（图 3.24）而被其他震相的波所覆盖，这种情形我们称之为盲层，即我们容易将实际存在的两层地

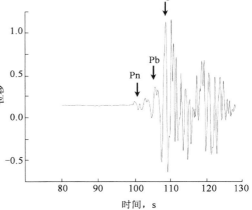

图 3.25　首波观测实例
（北京大学在青海架设的宽频带地震仪记录到
震中距为 627km 的地震垂向震动）

壳结构模型误认为是单层地壳模型。

（2）$\alpha_2 < \alpha_1 < \alpha_3$。这种情形在实际中很少见到。这种情形下,第一层和第二层的界面上是不可能存在首波的,首波只存在于壳幔界面即莫霍面上。首波的走时方程与单层地壳相同。需指出的是,这种情形下也容易被误认为是单层模型。

3.4.4　含倾斜分层介质中的走时方程

如果界面是倾斜的,接收点处于震源的上坡与下坡将有不同的走时方程。

图 3.26 单个倾斜界面地层中波的传播。设地下倾斜地层界面与水平面的夹角为 ω,h_1 为震源 A 与斜面的垂直距离,h_2 为接收点与斜面的垂直距离,对上坡问题注意有 $h_1 > h_2$。A' 为 A 点的镜像。如果接收点 B 在震源 A 的上坡,则可导出反射波 AOB 走时 t_{mu} 与折射波 $ACC'B$ 走时 t_{nu} 分别为

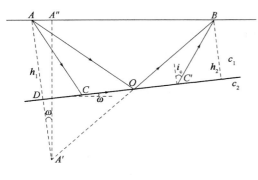

图 3.26　单层倾斜地层中的波的传播

$$t_{mu} = \frac{\sqrt{X^2 + 4h_1h_2}}{c_1} = \frac{\sqrt{X^2 + 4h_1^2 - 4Xh_1\sin\omega}}{c_1} \qquad (3.56)$$

$$t_{nu} = \frac{(h_1 + h_2)\cos i_c}{c_1} + \frac{X\cos\omega}{c_2}$$

$$= \frac{2h_1\cos i_c}{c_1} + \frac{X\sin(i_c - \omega)}{c_1} \qquad (3.57)$$

其中
$$i_c = \arcsin(c_1/c_2)$$

式中　X——地面上震源与接收点间的距离 AB,称为震中距;

　　　i_c——临界折射角。

同样可导出接收点 B 在震源 A 的下坡时,保持 h_1 为震源至界面的距离,h_2 为接收点的距离,并注意 $h_1 < h_2$,反射波与折射波走时分别为

$$t_{md} = \frac{\sqrt{X^2 + 4h_1^2 + 4Xh_1\sin\omega}}{c_1} \qquad (3.58)$$

$$t_{nd} = \frac{2h_1\cos i_c}{c_1} + \frac{X\sin(i_c + \omega)}{c_1} \qquad (3.59)$$

3.5　平面波的反射系数和透射系数

当波传播到自由面(地表面)或介质内部的速度间断面时,由于地震波速的突然变化,波在界面上将发生反射或折射,还可能发生波的转换。现在讨论地震波入射到界面后产生的反射波和折射波的能量分配问题。

界面上反射波和折射波的能量分配除了要满足能量守恒和动量守恒条件外,还必须符合力学边界条件。力学边界条件是指:对界面上下都是固体介质的固—固界面,界面两侧波的位移分量和应力分量均要连续;对界面一边是固体介质而另一边是液体介质的固—液界面,界面上法向位移和法向应力连续,切向应力为零;对自由界面,界面上应力分量为零。

3.5.1 自由界面对地震波的影响

一般地,当 P 波入射到地表时,除了产生反射 P 波外,还会产生反射 SV 波;同理,当 SV 波入射到地表时,除了产生反射 SV 波外,还会产生反射 P 波。SH 波入射只能产生反射的 SH 波,如图 3.27 所示。

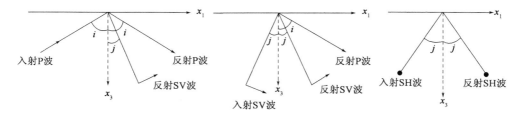

图 3.27　P 波或 S 波入射到自由表面的反射

下面我们讨论 $x_1 x_3$ 平面内质点的位移。

一般地,我们将震源和台站所在的竖直面称为入射面,我们建立如图 3.27 所示的坐标系。此面内质点的位移分别由入射波和反射波引起的位移之和,设 ϕ 和 ψ 分别是 P 波和 S 波的势函数,则入射面内位移的分量分别为

$$\begin{cases} u_1 = u_{P1} + u_{SV1} = \dfrac{\partial \phi}{\partial x_1} - \dfrac{\partial \psi}{\partial x_3} \\[2mm] u_3 = u_{P3} + u_{SV3} = \dfrac{\partial \phi}{\partial x_3} + \dfrac{\partial \psi}{\partial x_1} \end{cases} \tag{3.60}$$

当 SH 波入射时,仅会产生反射的 SH 波,其位移方向垂直入射面(指向 x_2),分别来自位函数的两个分量贡献,为了方便,直接用位移分量 v 来表示,且

$$\frac{\partial^2 v}{\partial t^2} = \beta^2 \, \nabla^2 v$$

3.5.1.1　SV 波入射

首先讨论 SV 波入射到自由面的情形,采用如图 3.27 所示的坐标。

入射 SV 波及相应的反射 SV 波和反射 P 波的势函数可分别写为

$$\psi^I = A \exp\left[i\omega(px_1 - \eta_\beta x_3 - t) \right] \tag{3.61}$$

$$\psi^r = B \exp\left[i\omega(px_1 + \eta_\beta x_3 - t) \right] \tag{3.62}$$

$$\phi^r = C \exp\left[i\omega(px_1 + \eta_\alpha x_3 - t) \right] \tag{3.63}$$

其中

$$\eta_\alpha = \frac{\cos i}{\alpha} = \sqrt{1/\alpha^2 - p^2}$$

$$\eta_\beta = \frac{\cos i}{\beta} = \sqrt{1/\beta^2 - p^2}$$

式中　$\alpha \text{、} \beta \text{、} p$——P 波、S 波的速度与水平慢度;

η_α——P 波垂直方向的慢度;

η_β——S 波垂直方向的慢度。

体波的总位移矢量 $\boldsymbol{u}$ 可表示为

$$\boldsymbol{u} = \nabla \phi^R + \left(-\frac{\partial \psi^I}{\partial x_3}, 0, \frac{\partial \psi^I}{\partial x_1} \right) + \left(-\frac{\partial \psi^R}{\partial x_3}, 0, \frac{\partial \psi^R}{\partial x_1} \right) \tag{3.64}$$

在自由面上,位移矢量需满足切应力 σ_{13} 和正应力 σ_{33} 为零的边界条件:

$$\sigma_{13}\Big|_{x_3=0} = \mu\left(\frac{\partial u_1}{\partial x_3} + \frac{\partial u_3}{\partial x_1}\right)\Big|_{x_3=0} = 0 \tag{3.65a}$$

$$\sigma_{33}\Big|_{x_3=0} = \left[\lambda\left(\frac{\partial u_1}{\partial x_1} + \frac{\partial u_3}{\partial x_3}\right) + 2\mu\frac{\partial u_3}{\partial x_3}\right]\Big|_{x_3=0} = 0 \tag{3.65b}$$

将表达式(3.60)~式(3.64)代入边界条件式(3.65),得

$$-(A+B)(1-2\beta^2p^2) + C2\beta^2p\eta_\alpha = 0 \tag{3.66a}$$

$$(-A+B)2\beta^2p\eta_\beta + C(1-2\beta^2p^2) = 0 \tag{3.66b}$$

由上面两方程可解得,SV 波入射到自由面时位移位的反射系数为

$$R_{SS} = \frac{B}{A} = \frac{4\beta^4p^2\eta_\alpha\eta_\beta - (1-2\beta^2p^2)^2}{4\beta^4p^2\eta_\alpha\eta_\beta + (1-2\beta^2p^2)^2} \tag{3.67}$$

$$R_{SP} = \frac{C}{A} = \frac{4\beta^2p\eta_\beta(1-2\beta^2p^2)}{4\beta^4p^2\eta_\alpha\eta_\beta + (1-2\beta^2p^2)^2} \tag{3.68}$$

当 SV 波垂直入射时,入射角 $i=0$, $p=\dfrac{\sin i}{\alpha}=0$,于是有 $A=-B$, $C=0$,无反射 P 波,即不发生波形转换,则 SV 波位函数为入射 SV 波和反射 SV 波的位函数之和:

$$\psi = A\exp[i\omega(-\eta_\alpha x_3 - t)] - B\exp[i\omega(\eta_\alpha x_3 - t)] \tag{3.69}$$

故地表位移为

$$\begin{cases} u_1 = \left(\dfrac{\partial \phi}{\partial x_1} - \dfrac{\partial \psi}{\partial x_3}\right)_{x_3=0} = \dfrac{-2iA}{\beta}e^{-i\omega t} \\ u_3 = \left(\dfrac{\partial \phi}{\partial x_3} + \dfrac{\partial \psi}{\partial x_1}\right)_{x_3=0} = 0 \end{cases}$$

从上式可看出,此时无垂直位移,水平位移为入射波位移的 2 倍。

3.5.1.2　P 波入射

对 P 波入射的情形(图 3.22),入射 P 波及相应的反射 P 波和 SV 波的势函数可分别写为

$$\phi^I = A\exp[i\omega(px_1 - \eta_\alpha x_3 - t)] \tag{3.70}$$

$$\phi^r = B\exp[i\omega(px_1 + \eta_\alpha x_3 - t)] \tag{3.71}$$

$$\psi^r = C\exp[i\omega(px_1 + \eta_\beta x_3 - t)] \tag{3.72}$$

$$\boldsymbol{u} = \nabla\phi^I + \nabla\phi^R + \left(-\frac{\partial \psi^R}{\partial x_3}, 0, \frac{\partial \psi^R}{\partial x_1}\right) \tag{3.73}$$

将式(3.70)~式(3.73)代入切应力 σ_{13} 和正应力 σ_{33} 为零的自由面边界条件,得

$$(A+B)(1-2\beta^2p^2) + C(2\beta^2p\eta_\beta) = 0 \tag{3.74}$$

$$(A-B)2\beta^2p\eta_\alpha + C(1-2\beta^2p^2) = 0 \tag{3.75}$$

由此得 P 波入射自由界面时位移位的反射系数为

$$R_{PP} = \frac{B}{A} = \frac{4\beta^4p^2\eta_\alpha\eta_\beta - (1-2\beta^2p^2)}{4\beta^4p^2\eta_\alpha\eta_\beta + (1-2\beta^2p^2)^2} \tag{3.76}$$

$$R_{PS} = \frac{C}{A} = \frac{-4\beta^2p\eta_\alpha(1-2\beta^2p^2)}{4\beta^4p^2\eta_\alpha\eta_\beta + (1-2\beta^2p^2)^2} \tag{3.77}$$

比较式(3.67)与式(3.76)不难看出,$R_{PP} = R_{SS}$,且存在两个入射角(双解),使得 $R_{PP} = R_{SS} = 0$,即入射波在自由界面反射时发生 P→SV 或 SV→P 的全转换。

当 P 波垂直射时，入射角 $i = 0, p = \dfrac{\sin i}{\alpha} = 0$，于是有 $A = -B, C = 0$，无反射 SV 波，即不发生 P 波向 SV 波的转换。则 P 波位函数为入射 P 波和反射 P 波的位函数之和：

$$\phi = A \exp[\mathrm{i}\omega(-\eta_\alpha x_3 - t)] - B \exp[\mathrm{i}\omega(\eta_\alpha x_3 - t)]$$

故地表位移为

$$\begin{cases} u_1 = \left(\dfrac{\partial \phi}{\partial x_1} - \dfrac{\partial \psi}{\partial x_3}\right)_{x_3 = 0} = 0 \\ u_3 = \left(\dfrac{\partial \phi}{\partial x_3} + \dfrac{\partial \psi}{\partial x_1}\right)_{x_3 = 0} = \dfrac{-2\mathrm{i}A}{\alpha} e^{-\mathrm{i}\omega t} \end{cases}$$

从上式可看出，此时无水平位移，垂直位移为入波位移的 2 倍。

3.5.1.3　均匀平面波与非均匀平面波

现考虑 SV 波入射到自由面产生转换 P 波的情形，由于

$$p = \dfrac{\sin j}{\beta} = \dfrac{\sin i}{\alpha}$$

当转换 P 波的反射角为 90°时，SV 波入射临界角为

$$j_c = \arcsin(\beta/\alpha) \tag{3.78}$$

当 SV 波入射角 j 大于临界角 j_c 时，P 波反射角 i 将变成复数，且

$$p = \dfrac{\sin j}{\beta} > \dfrac{1}{\alpha} \qquad (j > j_c) \tag{3.79}$$

这时

$$\eta_\alpha = \sqrt{\dfrac{1}{\alpha^2} - p^2} = \mathrm{i}\hat{\eta}_\alpha \tag{3.80}$$

其中

$$\hat{\eta}_\alpha = \sqrt{p^2 - \dfrac{1}{\alpha^2}}$$

式中　$\hat{\eta}_\alpha$——实数。

在 SV 波入射角大于临界角的情况下，反射 P 波的势函数(3.66)可表示为

$$\phi^R = C \exp[\mathrm{i}\omega(px_1 + \eta_\alpha x_3 - t)] = C \exp(-\hat{\eta}_\alpha x_3) \exp[\mathrm{i}\omega(px_1 - t)] \tag{3.81}$$

这表示的是一个沿 x_1 正方向传播、但振幅随深度按指数衰减的 P 波，称为不均匀平面波。注意，式(3.81)中的 p 表示这种波沿水平方向传播的慢度，由式(3.79)可知，$\beta < 1/p < \alpha$，即其传播速度介于 S 波速和 P 波速之间，这与典型的面波速度是不同的。

由式(3.81)表达的不均匀平面 P 波是不能单独存在的，因为单独的势函数 Φ^R 无法满足自由面应力为零的边界条件，例如考虑位移 $u = \nabla \Phi^R$ 而将式(3.81)代入条件式(3.65a)时，马上会导致 $C = 0$。在有入射和反射的 SV 波存在时，这种不均匀平面波是可以存在的。同样的推理过程也可说明，不存在单独的不均匀 SV 波。

3.5.1.4　由地震记录推算入射波的特点

如图 3.28 所示，在自由表面上，地表总位移为入射波与反射波的位移之和，总位移矢量地表的夹角称为视出射角 $\bar{e}$，而入射波射线与地表的夹角称为真出射角 i。

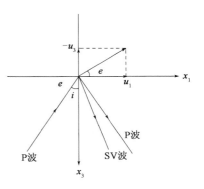

图 3.28　P 波入射情况

当 P 波入射时，P 波和 SV 波的势函数为

$$\phi = A\exp\left[\,\mathrm{i}\omega(px_1 - \eta_\alpha x_3 - t)\,\right] - B\exp\left[\,\mathrm{i}\omega(px_1 + \eta_\alpha x_3 - t)\,\right]$$

$$\psi = C\exp\left[\,\mathrm{i}\omega(px_1 + \eta_\beta x_3 - t)\,\right]$$

则地表位移为

$$\begin{cases} u_1 = \left(\dfrac{\partial\phi}{\partial x_1} - \dfrac{\partial\psi}{\partial x_3}\right)_{x_3=0} \\[3mm] u_3 = \left(\dfrac{\partial\phi}{\partial x_3} + \dfrac{\partial\psi}{\partial x_1}\right)_{x_3=0} \end{cases}$$

代入各量得到

$$u_1 = \left[\,(A+B)p - C\eta_\beta\,\right]\mathrm{i}\omega\exp\left[\,\mathrm{i}\omega(px_1 - t)\,\right]$$

$$u_3 = \left[\,(-A+B)\eta_\alpha - Cp\,\right]\mathrm{i}\omega\exp\left[\,\mathrm{i}\omega(px_1 - t)\,\right]$$

视出视角的正切函数为

$$\tan\bar{e} = \frac{-u_3}{u_1} = \frac{(A-B)\eta_\alpha - pC}{(A+B)p - \eta_\beta C}$$

由边界条件得到

$$A + B = \frac{2\beta^2 p\eta_\beta}{2\beta^2 p^2 - 1}C$$

$$A - B = \frac{2\beta^2 p^2 - 1}{2\beta^2 p\eta_\alpha}C$$

$$\tan\bar{e} = \frac{-u_3}{u_1} = \frac{1 - 2\beta^2 p^2}{2\beta^2 p\eta_\beta}$$

根据由斯内尔定律及真出射角和入射角之间的关系，可以推出真出射角和视出射角之间的关系：

$$\cos e = \frac{\alpha}{\beta}\sqrt{\frac{1 - \sin\bar{e}}{2}} = \frac{\alpha}{\beta}\cos\frac{90° + \bar{e}}{2} \tag{3.82}$$

这样由地震记录可以推算出入射波的特点，同理可以讨论 SV 波入射推算入射波的特点，但较复杂。

3.5.2　平面波在界面上反射和折射

当波传播到介质内部的速度间断面时，由于地震波速的突然变化，波在界面上将发生反射或折射，且反射波或折射波的性质还可能与入射波不同，可能发生波的转换。

3.5.2.1　SH 波入射到固—固界面

先讨论地壳中的 SH 波入射到莫霍面（固—固界面）的情形。由动量守恒，SH 波入射到莫霍面只可能产生反射的 SH 波和折射的 SH 波，无转换波（图 3.29）。设入射平面 SH 波的位移表示为

$$V^I = A\exp\left[\,\mathrm{i}\omega(px_1 + \eta_{\beta1}x_3 - t)\,\right] \tag{3.83}$$

$$V^R = A_1\exp\left[\,\mathrm{i}\omega(px_1 - \eta_{\beta1}x_3 - t)\,\right] \tag{3.84}$$

$$V^T = A_2\exp\left[\,\mathrm{i}\omega(px_1 + \eta_{\beta2}x_3 - t)\,\right] \tag{3.85}$$

其中

$$\eta_{\beta_1} = \sqrt{\frac{1}{\beta_1^2} - p^2}, \quad \eta_{\beta_2} = \sqrt{\frac{1}{\beta_2^2} - p^2}$$

式中　p——射线参数。

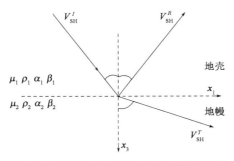

图 3.29　SH 波入射到固—固界面只产生反射的 SH 波和折射的 SH 波

在界面上,位移连续和应力连续,即

$$\left(V^I + V^R \right) \Big|_{x_3=0} = V^T \Big|_{x_3=0} \tag{3.86}$$

$$\mu_1 \frac{\partial \left(V^I + V^R \right)}{\partial x_3} \Big|_{x_3=0} = \mu_2 \frac{\partial V^T}{\partial x_3} \Big|_{x_3=0} \tag{3.87}$$

将位移函数代入边界条件,得

$$A + A_1 = A_2 \tag{3.88}$$

$$\mu_1 A \eta_{\beta_1} - \mu_1 A_1 \eta_{\beta_1} = \mu_2 A_2 \eta_{\beta_2} \tag{3.89}$$

令 R、T 分别为位移反射系数和透射系数,则有

$$R = \frac{A_1}{A} = \frac{\mu_1 \eta_{\beta_1} - \mu_2 \eta_{\beta_2}}{\mu_1 \eta_{\beta_1} + \mu_2 \eta_{\beta_2}} \tag{3.90}$$

$$T = \frac{A_2}{A} = \frac{2 \mu_1 \eta_{\beta_1}}{\mu_1 \eta_{\beta_1} + \mu_2 \eta_{\beta_2}} \tag{3.91}$$

可以看出: $T = 1 + R$ 。

图 3.30 为 SH 波入射到固—固界面时,依据式(3.90)和式(3.91)计算的反射系数(绝对值)及折射系数(绝对值)随入射角 i_1 的变化曲线。

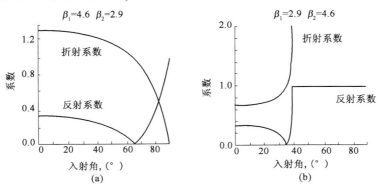

图 3.30　SH 波入射到固—固界面时反射系数、折射系数与入射角的关系

考虑如下三种情况:

(1)当入射角 $i_1 = 0$ 时,垂直入射,$i_2 = 0$,则有

$$R = \frac{\rho_1 \beta_1 - \rho_2 \beta_2}{\rho_1 \beta_1 + \rho_2 \beta_2} \tag{3.92}$$

$$T = \frac{2 \rho_1 \beta_1}{\rho_1 \beta_1 + \rho_2 \beta_2} \tag{3.93}$$

以上二式表明,反射波和折射波的相对强度,由界面两侧的介质密度与剪切波速度乘积 $\rho\beta$ 的相对大小决定,这个乘积称为波传播介质的剪切波阻抗。如果两边介质波阻抗相等,能量全部透射,无反射波。需注意的是,如果下层波阻抗为 0,下层将无波动存在,这时界面力学条件将只有一个界面剪应力为零的条件,可导致

$$\mu_1 A\eta_{\beta_1} - \mu_1 A_1 \eta_{\beta_1} = 0$$

由此可得反射系数 $R = 1$,即 SH 波能量全部反射。

(2)当 $i_1 = i_c = \arcsin(\beta_1/\beta_2)$,则 $i_2 = \pi/2$,$T = 2$,$R = 1$。这表明反射波与入射波相比,振幅不变,而折射波振幅是入射波振幅的 2 倍,无论是反射波还是折射波都没有相位变化[图 3.30(b)]。

(3)当 $i_1 > i_c$ 时,超临界入射,又称为类全反射,则 $\sin i_1 > \sin i_c = \beta_1/\beta_2$,又因为 $p = \sin i_1/\beta_1$,得 $\sin i_1 = p\beta_1 > \beta_1/\beta_2$,即 $p > 1/\beta_2$,故 η_{β_2} 为复数,那么

$$R = \frac{A_1}{A} = \frac{\mu_1 \eta_{\beta_1} - \mu_2 \eta_{\beta_2}}{\mu_1 \eta_{\beta_1} + \mu_2 \eta_{\beta_2}} = \frac{a - \mathrm{i}b}{a + \mathrm{i}b} = \mathrm{e}^{-2\varepsilon} \qquad (3.94)$$

这里,$a = \mu_1 \eta_{\beta_1}$,$b = \mu_2 \eta_{\beta_2}$,超临界入射的反射波。发生了相移,相位超前了 2ε,而且

$$\tan 2\varepsilon = \frac{2ab}{a^2 + b^2} \qquad (3.95)$$

而折射波的透射系数为

$$T = 1 + R = \frac{2a}{a + \mathrm{i}b} = \frac{2a^2}{a^2 + b^2} - \mathrm{i}\frac{2ab}{a^2 + b^2} = r\mathrm{e}^{-\mathrm{i}\psi} \qquad (3.96)$$

其中

$$r = \sqrt{\left(\frac{2a^2}{a^2 + b^2}\right)^2 + \left(\frac{2ab}{a^2 + b^2}\right)^2},\ \tan\psi = -\frac{b}{a}$$

所以

$$A_2 = Ar\mathrm{e}^{-\mathrm{i}\psi}$$

则

$$V^T = Ar\mathrm{e}^{-\hat{\eta}_{\beta_2}x_3}\mathrm{e}^{\mathrm{i}(k_1 x_1 - \omega t - \psi)} \qquad (3.97)$$

其中

$$\eta_{\beta_2} = \mathrm{i}\hat{\eta}_{\beta_2} = \mathrm{i}\sqrt{p^2 - 1/\beta_2^2},\ k_1 = p\omega$$

式中　k_1——波沿 x_1 方向传播的波数。

这说明折射波的振幅和相位都发生变化,变成了不均匀平面波,沿界面传播,振幅随深度指数衰减。

3.5.2.2　P 波入射到固—固界面

P 波入射到莫霍面可能产生反射 P 波、反射 SV 波、折射 P 波和折射 SV 波(图 3.31)。不失一般性,设入射 P 波的位移势表达式为

$$\phi^I = A\mathrm{e}^{-\mathrm{i}\omega(t - px_1 - \eta_{\alpha_1}x_3)} \qquad (3.98)$$

则反射 P 波、反射 SV 波、折射 P 波和折射 SV 波的位移势表达式分别为

$$\phi^R = A_1\mathrm{e}^{-\mathrm{i}\omega(t - px_1 + \eta_{\alpha_1}x_3)} \qquad (3.99)$$

$$\psi^R = B_1\mathrm{e}^{-\mathrm{i}\omega(t - px_1 + \eta_{\beta_1}x_3)} \qquad (3.100)$$

$$\phi^T = A_2\mathrm{e}^{-\mathrm{i}\omega(t - px_1 - \eta_{\alpha_2}x_3)} \qquad (3.101)$$

$$\psi^T = B_2\mathrm{e}^{-\mathrm{i}\omega(t - px_1 - \eta_{\beta_2}x_3)} \qquad (3.102)$$

上层介质的位移表达式为

$$\boldsymbol{u}_\mathrm{I} = \left\{\frac{\partial(\phi^I + \varphi^R)}{\partial x_1} - \frac{\partial\psi^R}{\partial x_3},0,\frac{\partial(\phi^I + \varphi^R)}{\partial x_3} + \frac{\partial\psi^R}{\partial x_1}\right\}$$

$$(3.103)$$

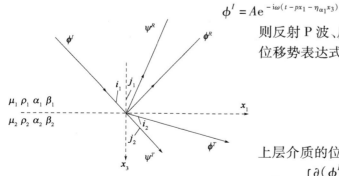

图 3.31　P 波入射固—固界面情况

ϕ—P 波势函数;ψ—SV 波势函数

下层介质的位移表达式为

$$\boldsymbol{u}_{\text{II}} = \left\{ \frac{\partial \phi^T}{\partial x_1} - \frac{\partial \psi^T}{\partial x_3}, 0, \frac{\partial \phi^T}{\partial x_3} + \frac{\partial \psi^T}{\partial x_1} \right\} \tag{3.104}$$

根据边界条件,边界面上位移连续,$\boldsymbol{u}_{\text{I}} \Big|_{x_3=0} = \boldsymbol{u}_{\text{II}} \Big|_{x_3=0}$,即

$$u_{1\,\text{I}} \Big|_{x_3=0} = u_{1\,\text{II}} \Big|_{x_3=0} \tag{3.105a}$$

$$u_{3\,\text{I}} \Big|_{x_3=0} = u_{3\,\text{II}} \Big|_{x_3=0} \tag{3.105b}$$

法向应力连续条件为 $\sigma_{33}^{\text{I}} \Big|_{x_3=0} = \sigma_{33}^{\text{II}} \Big|_{x_3=0}$,即

$$\left(\lambda_1 \nabla \cdot \boldsymbol{u}_{\text{I}} + 2\mu_1 \frac{\partial u_{\text{I}3}}{\partial x_3} \right) \Big|_{x_3=0} = \left(\lambda_2 \nabla \cdot \boldsymbol{u}_{\text{II}} + 2\mu_2 \frac{\partial u_{\text{II}3}}{\partial x_3} \right) \Big|_{x_3=0} \tag{3.106}$$

切向应力连续条件为 $\sigma_{31}^{\text{I}} \Big|_{x_3=0} = \sigma_{31}^{\text{II}} \Big|_{x_3=0}$,即

$$\mu_1 \frac{\partial u_{\text{I}3}}{\partial x_1} \Big|_{x_3=0} = \mu_2 \frac{\partial u_{\text{II}3}}{\partial x_1} \Big|_{x_3=0} \tag{3.107}$$

上述边界条件导致各种波位移势的振幅之间满足以下关系:

$$p(A + A_1) + \eta_{\beta_1} B_1 = pA_2 - \eta_{\beta_2} B_2 \tag{3.108}$$

$$\eta_{\alpha_1}(A - A_1) + pB_1 = \eta_{\alpha_2} A_2 + pB_2 \tag{3.109}$$

$$\lambda_1 p^2 (A + A_1) + \lambda_1 p \eta_{\beta_1} B_1 + (\lambda_1 + 2\mu_1) \left[\eta_{\alpha_1}^2 (A + A_1) - p\eta_{\beta_1} B_1 \right]$$

$$= \lambda_2 p^2 A_2 - \lambda_2 p \eta_{\beta_2} B_2 + (\lambda_2 + 2\mu_2)(\eta_{\alpha_2}^2 A_2 + p\eta_{\beta_2} B_2) \tag{3.110}$$

$$\mu_1 \left[2p\eta_{\alpha_1}(A - A_1) + (p^2 - \eta_{\beta_1}^2) B_1 \right]$$

$$= \mu_2 \left[2p\eta_{\alpha_2} A_2 + (p^2 - \eta_{\beta_2}^2) B_2 \right] \tag{3.111}$$

联立式(3.108)~式(3.111),可解得 P – P 位移势的反射系数 $R'_{\text{PP}} = A_1/A$、P – SV 位移势反射转换系数 $R'_{\text{PS}} = B_1/A$、P – P 位移势透射系数 $T'_{\text{PP}} = A_2/A$ 和 P – SV 位移势透射转换系数 $T'_{\text{PS}} = B_2/A$。用同样方法还可导出 SV 波入射时的位移势的反射系数和透射系数。

根据位移与位移势之间的关系,可导出位移的反射系数、透射系数与位移势相应系数之间的关系式。由此可导出平面波入射到固—固界面产生的各种反射和透射波位移的反射和透射系数,并归纳于表 3.1 和表 3.2 及图 3.32 [P 波从介质 1 入射到介质 2 固—固界面相应位移反射系数(绝对值)和透射系数(绝对值)与入射角的关系]。

表 3.1　固—固界面上位移反射与透射系数表达式

界面性质	系　　　数	公　　　式
固体—固体	R_{PP}	$\left[(b\eta_{\alpha_1} - c\eta_{\alpha_2})F - (a + d\eta_{\alpha_1}\eta_{\beta_2})Hp^2 \right]/D$
	R_{PSV}	$-\left[2\eta_{\alpha_1}(ab + cd\eta_{\alpha_2}\eta_{\beta_2})p(\alpha_1/\beta_1) \right]/D$
	T_{PP}	$\left[2\rho_1 \eta_{\alpha_1} F(\alpha_1/\alpha_2) \right]/D$
	T_{PSV}	$\left[2\rho_1 \eta_{\alpha_1} Hp(\alpha_1/\beta_2) \right]/D$
	R_{SVSV}	$-\left[(b\eta_{\beta_1} - c\eta_{\beta_2})E - (a + d\eta_{\alpha_2}\eta_{\beta_1})Gp^2 \right]/D$
	R_{SVP}	$-\left[2\eta_{\beta_1}(ab + cd\eta_{\alpha_2}\eta_{\beta_2})p(\beta_1/\alpha_1) \right]/D$
	T_{SVSV}	$\left[2\rho_1 \eta_{\beta_1} E(\beta_1/\beta_2) \right]/D$

界面性质	系　数	公　式
固体—固体	T_{SVP}	$-[2\rho_1\eta_{\beta_1}Gp(\beta_1/\alpha_2)]/D$
	R_{SHSH}	$\dfrac{\mu_1\eta_{\beta_1}-\mu_2\eta_{\beta_2}}{\mu_1\eta_{\beta_1}+\mu_2\eta_{\beta_2}}$
	T_{SHSH}	$\dfrac{2\mu_1\eta_{\beta_1}}{\mu_1\eta_{\beta_1}+\mu_2\eta_{\beta_2}}$

表 3.2　表 3.1 中的系数及其公式

系　数	公　式
$\begin{aligned} a &= \rho_2(1-2\beta_2^2p^2)-\rho_1(1-2\beta_2^2p^2)\\ b &= \rho_2(1-2\beta_2^2p^2)+2\rho_1\beta_1^2p^2\\ c &= \rho_1(1-2\beta_1^2p^2)+2\rho_2\beta_2^2p^2\\ d &= 2(\rho_2\beta_2^2-\rho_1\beta_1^2) \end{aligned}$	$\begin{aligned} E &= b\eta_{\alpha_1}+c\eta_{\alpha_2}\\ F &= b\eta_{\beta_1}+c\eta_{\beta_2}\\ G &= a-d\eta_{\alpha_1}\eta_{\beta_2}\\ H &= a-d\eta_{\alpha_2}\eta_{\beta_1}\\ D &= EF+GHp^2\\ A &= \left[(1/\beta^2)-2p^2\right]^2+4p^2\eta_\alpha\eta_\beta\\ \eta_c &= \sqrt{\dfrac{1}{c^2}-p^2}\quad c=\alpha_1,\alpha_2,\beta_1,\beta_2 \end{aligned}$

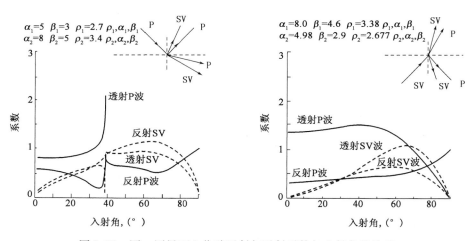

图 3.32　固—固界面上位移反射与透射系数与入射角的关系

3.5.2.3　P 波入射到固—液界面

如图 3.33 所示,设入射 P 波、反射 P 波、反射 SV 波以及透射 P 波的位移势函数分别为

$$\phi^I = A\exp[\mathrm{i}\omega(t-px_1-\eta_1x_3)]$$

$$\phi^R = B\exp[\mathrm{i}\omega(t-px_1+\eta_1x_3)]$$

$$\psi^R = C\exp[\mathrm{i}\omega(t-px_1+\eta x_3)]$$

$$\phi^T = D\exp[\mathrm{i}\omega(t-px_1-\eta_2x_3)]$$

其中
$$\eta_1 = \sqrt{\dfrac{1}{\alpha_1^2}-p^2},\quad \eta_2 = \sqrt{\dfrac{1}{\alpha_2^2}-p^2},\quad \eta = \sqrt{\dfrac{1}{\beta_1^2}-p^2}$$

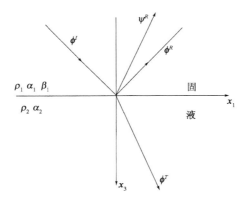

图 3.33　P 波入射固—液界面的情况

则各位移分量为

$$u^{(1)} = \frac{\partial(\phi^I + \phi^R)}{\partial x_1} - \frac{\partial\psi^R}{\partial x_3} = -\mathrm{i}\omega\left[\, pA\mathrm{e}^{\mathrm{i}\omega(t - px_1 - \eta_1 x_3)} + pB\mathrm{e}^{\mathrm{i}\omega(t - px_1 + \eta_1 x_3)} + \eta C\mathrm{e}^{\mathrm{i}\omega(t - px_1 + \eta x_3)}\,\right]$$

$$w^{(1)} = \frac{\partial(\phi^I + \phi^R)}{\partial x_3} + \frac{\partial\psi^R}{\partial x_1} = -\mathrm{i}\omega\left[\, \eta_1 A\mathrm{e}^{\mathrm{i}\omega(t - px_1 - \eta_1 x_3)} - \eta_1 B\mathrm{e}^{\mathrm{i}\omega(t - px_1 + \eta_1 x_3)} + pC\mathrm{e}^{\mathrm{i}\omega(t - px_1 + \eta x_3)}\,\right]$$

$$u^{(2)} = \frac{\partial\phi^T}{\partial x_1} = -\mathrm{i}\omega pD\mathrm{e}^{\mathrm{i}\omega(t - px_1 - \eta_2 x_3)}$$

$$w^{(2)} = \frac{\partial\phi^T}{\partial x_3} = -\mathrm{i}\omega\eta_2 D\mathrm{e}^{\mathrm{i}\omega(t - px_1 - \eta_2 x_3)}$$

式中　p——射线参数；

　　u、w——x_1 和 x_3 方向的位移分量。

应力分量可表示为

$$\sigma_{ij} = \lambda\theta\delta_{ij} + 2\mu\varepsilon_{ij}$$

界面上边界条件为

（1）界面上正应力连续：　　$\sigma_{33}^{(1)}\Big|_{x_3=0} = \sigma_{33}^{(2)}\Big|_{x_3=0}$

（2）界面上剪应力为零：　　$\sigma_{31}^{(1)}\Big|_{x_3=0} = 0$

（3）界面上 x_3 方向位移连续：　$w^{(1)}\Big|_{x_3=0} = w^{(2)}\Big|_{x_3=0}$

由上述三个边界条件可得方程组：

$$\lambda_1(-p^2 A - p^2 B - \eta pC) + (\lambda_1 + 2\mu_1)(-\eta_1^2 A - \eta_1^2 B + \eta pC) = -\lambda_2(p^2 + \eta_2^2)D$$

$$2\eta_1 pB - 2\eta_1 pA + (\eta^2 - p^2)C = 0$$

$$-\eta_1 A + \eta_1 B - pC = -\eta_2 D$$

令 $R_\mathrm{P} = \dfrac{B}{A}$、$R_\mathrm{S} = \dfrac{C}{A}$、$T_\mathrm{P} = \dfrac{D}{A}$ 分别为各位移势函数的反射系数、透射系数，则以上方程组可化为

$$\begin{bmatrix} -1 & \dfrac{2\mu_1\eta p}{\lambda_1(p^2 + \eta_1^2) + 2\mu_1\eta_1^2} & \dfrac{\lambda_2(p^2 + \eta_2^2)}{\lambda_1(p^2 + \eta_1^2) + 2\mu_1\eta_1^2} \\[3mm] 1 & \dfrac{\eta^2 - p^2}{2\eta_1 p} & 0 \\[3mm] 1 & -\dfrac{p}{\eta_1} & \dfrac{\eta_2}{\eta_1} \end{bmatrix} \begin{bmatrix} R_\mathrm{P} \\[1mm] R_\mathrm{S} \\[1mm] T_\mathrm{P} \end{bmatrix} = \begin{bmatrix} 1 \\[1mm] 1 \\[1mm] 1 \end{bmatrix}$$

解此方程组得

$$R_P = \frac{-GI + EI - FH + FG}{GI + EI - FH + FG}$$

$$R_S = \frac{2I}{GI + EI - FH + FG}$$

$$T_P = \frac{2G - 2H}{GI + EI - FH + FG}$$

其中
$$E = \frac{2\mu_1\eta p}{\lambda_1(p^2 + \eta_1^2) + 2\mu_1\eta_1^2} , F = \frac{\lambda_2(p^2 + \eta_2^2)}{\lambda_1(p^2 + \eta_1^2) + 2\mu_1\eta_1^2}$$

$$G = \frac{\eta^2 - p^2}{2\eta_1 p} , H = -\frac{p}{\eta_1} , I = \frac{\eta_2}{\eta_1}$$

入射 P 波、反射 P 波、反射 SV 波和折射 P 波的位移矢量可由各势函数求得

$$\boldsymbol{u}_P^I = \nabla \phi^I = \boldsymbol{x}_1 \frac{\partial \phi^I}{\partial x_1} + \boldsymbol{x}_3 \frac{\partial \phi^I}{\partial x_3} = -\mathrm{i}\omega(p\boldsymbol{x}_1 + \eta_1\boldsymbol{x}_3)\phi^I$$

$$\boldsymbol{u}_P^R = \nabla \phi^R = \boldsymbol{x}_1 \frac{\partial \phi^R}{\partial x_1} + \boldsymbol{x}_3 \frac{\partial \phi^R}{\partial x_3} = -\mathrm{i}\omega(p\boldsymbol{x}_1 - \eta_1\boldsymbol{x}_3)\phi^R$$

$$\boldsymbol{u}_{SV}^R = \nabla \times \boldsymbol{\psi} = -\boldsymbol{x}_1 \frac{\partial \psi^R}{\partial x_3} + \boldsymbol{x}_3 \frac{\partial \psi^R}{\partial x_1} = -\mathrm{i}\omega(\eta\boldsymbol{x}_1 + p\boldsymbol{x}_3)\psi^R$$

$$\boldsymbol{u}_P^T = \nabla \phi^T = \boldsymbol{x}_1 \frac{\partial \phi^T}{\partial x_1} + \boldsymbol{x}_3 \frac{\partial \phi^T}{\partial x_3} = -\mathrm{i}\omega(p\boldsymbol{x}_1 + \eta_2\boldsymbol{x}_3)\phi^T$$

式中 $\boldsymbol{x}_1$、$\boldsymbol{x}_3$——x_1 和 x_3 方向的单位矢量。

这里 P 波位移取沿传播方向为正;在上层固体中,反射 SV 波位移取沿传播方向看去向右为正。根据矢量合成,可将位移的大小表示为

$$u_P^I = \omega\sqrt{p^2 + \eta_1^2}\,\phi^I = \frac{\omega}{\alpha_1}\varphi^I$$

$$u_P^R = \omega\sqrt{p^2 + \eta_1^2}\,\phi^R = \frac{\omega}{\alpha_1}\phi^R$$

$$u_{SV}^R = \omega\sqrt{p^2 + \eta^2}\,\psi^R = \frac{\omega}{\beta_1}\psi^R$$

$$u_P^T = \omega\sqrt{p^2 + \eta_2^2}\,\phi^T = \frac{\omega}{\alpha_2}\phi^T$$

所以,位移的反射系数、折射系数分别为

$$r_P = R_P , r_S = \frac{\alpha_1}{\beta_1}R_S , t_P = \frac{\alpha_1}{\alpha_2}T_P$$

3.6　地震波的衰减

地震波在介质传播时,一部分能量会被介质吸收而变成了热能。为了方便,考虑沿 x 方向传播的平面波位移为

$$u(x) = A(x)\mathrm{e}^{\mathrm{i}(kx - \omega t)} \tag{3.112}$$

式中 $A(x)$——波的振幅;

　　　k——无损耗时的波数。

现讨论从 x 处传到 $x + \mathrm{d}x$ 处由介质吸收造成的衰减。相对振幅的变化 $\dfrac{A(x+\mathrm{d}x)-A(x)}{A(x)}$
应正比于 $\mathrm{d}x$,设比例系数为 $-\gamma(\omega)$,则有

$$-\gamma(\omega)\mathrm{d}x = \frac{A(x+\mathrm{d}x)-A(x)}{A(x)} \qquad (3.113)$$

当 $\mathrm{d}x$ 很小时,其振幅变化也很小,于是有

$$-\gamma(\omega)A(x) = \frac{\mathrm{d}A(x)}{\mathrm{d}x} \qquad (3.114)$$

设 $A(x)\big|_{x=0} = A_0$,解(3.114)式微分方程得到

$$A(x) = A_0 \mathrm{e}^{-\gamma x}$$

故有

$$u(x) = A_0 \mathrm{e}^{-\gamma x + \mathrm{i}(kx - \omega t)} \qquad (3.115)$$

从式(3.115)可看出,随着波的传播,振幅随距离增加而作指数减小。为了方便,若令

$$K = k + \mathrm{i}\gamma \qquad (3.116)$$

则式(3.112)变为

$$u(x) = A_0 \mathrm{e}^{\mathrm{i}(Kx - \omega t)} \qquad (3.117)$$

设地震波一个周期内的总能量为 E,ΔE 为一个周期的耗能,则定义介质的品质因子 Q 为

$$\frac{1}{Q} = \frac{\Delta E}{2\pi E} \qquad (3.118)$$

由于地震波的能量正比于位移的平方,故有

$$\frac{1}{Q} = \frac{1}{2\pi}\frac{\displaystyle\int_0^T A_0^2 \mathrm{e}^{2\mathrm{i}(Kx-\omega t)}\mathrm{d}t - \int_0^T A_0^2 \mathrm{e}^{2\mathrm{i}[K(x+\lambda)-\omega t]}\mathrm{d}t}{\displaystyle\int_0^T A_0^2 \mathrm{e}^{2\mathrm{i}(Kx-\omega t)}\mathrm{d}t} = \frac{1}{2\pi}(1 - \mathrm{e}^{2\mathrm{i}K\lambda})$$

注意到 $K = k + \mathrm{i}\gamma$,以及 $\lambda k = 2\pi$,于是有

$$\frac{1}{Q} = \frac{1}{2\pi}(1 - \mathrm{e}^{-2\lambda\gamma})$$

当在一个波长的范围内地震波衰减足够小即 $\gamma\lambda \ll 1$ 时有

$$\frac{1}{Q} \approx \frac{\lambda\gamma}{\pi} = \frac{2\gamma c}{\omega} = \frac{2\gamma}{k} \qquad (3.119)$$

从式(3.119)可发现,Q 值越高的波衰减越小,能量的损耗量越小,介质越接近于完全弹性,反之亦然。对于 P 波、S 波和面波,可以通过测定衰减系数,从而确定其相应的 Q 值。那么对于泊松介质,$\lambda = \mu$,$\alpha/\beta = \sqrt{3}$,可得 $Q_\mathrm{P}/Q_\mathrm{S} = 9/4$,表明地球介质对 P 波的吸收小于 S 波。

研究表明,地下介质的黏滞性是普遍存在的,特别是浅层沉积、裂缝性岩层、饱和岩石等具有较强的黏性效应。黏滞性会使介质中传播的地震波产生明显的衰减和频散,且能量衰减随频率的增加而增加,从而使记录到的地震数据高频成分缺失,地震分辨率降低。因此,基于黏性介质的地震波处理技术,如黏性等效建模、黏性介质正演模拟,黏性介质偏移成像及 Q 值提取等已受到业内广泛关注。

自 1962 年 Futterman 指出地下地层对地震波传播具有明显的吸收衰减作用以来,国内外许多研究人员针对 Q 值提取方法开展了一系列研究工作。下面将对各种 Q 值提取的方法进行简要介绍。

3.6.1　直接估计方法

直接估计方法,以时间域方法和频率域方法为主。时间域方法大多根据地震波振幅受到

的几何扩散、散射等因素的影响,反推地下 Q 值分布,其中具代表性的方法有脉冲振幅衰减法、脉冲上升时间法和脉冲展宽方法等;频率域方法则利用 Fourier 变换计算加时窗截取的地震记录频谱,代表方法有谱比法、质心频移法和峰值频率偏移法等。

Rairnner Tonn(1989)对传统方法中的 10 种做了对比讨论,其中时间域方法有脉冲上升时间、脉冲振幅衰减、子波模拟、解析信号 4 种方法;频率域方法有谱模拟、谱比、匹配 3 种方法。他得出的结论是:无论选取哪种方法,最后得到的结果的精确性都取决于采集到的数据的准确度,不是每一种方法都可以应用于任何地质情况。1995 年,Tang 和 Strack 在假定纵波品质因子跟地震波频率没有关系的前提下,运用最小二乘与反演结合的方法,从测井曲线的结果中求得了纵波的品质因子。Gladwin 等从地震波波场图中发现,地震波经地层介质吸收脉冲拓宽,由此才总结出脉冲上升时间原理。Kjartansson、Blair 等深入钻研了脉冲上升时间原理,运用该法估算品质因子。2001 年 Ayres 和 Theilen 两人分别利用脉冲上升时间法对某些地区的几组由钻井取得的地表附近的资料做了处理,由它们估算出了纵波和横波的品质因子,用求取的品质因子研究地层介质的属性(包括孔隙度、密度)以及它们之间的联系,但是因为实际情况的复杂,该方法在使用上存在一些缺陷,尤其表现在稳定性的控制上和准确性的保证上。Brzostowski 与 Leggett(1992)在时间域中利用波的振幅衰减信息进行品质因子成像的类似实验,但是因为震源类型难控制、检波器精度问题、地震波自身的球面扩散以及遇到地层分界面的反射、透射等等诸多因素影响,地震波振幅发生畸变,因此由振幅衰减法计算得到的品质因子准确度低,影响了衰减系数的可靠性。

直接估计方法虽然原理较为简单、易于操作,但是这些方法依赖于采集的数据质量、地震数据初步处理情况以及地下介质属性等多方面的影响,因此得到的 Q 值提取结果通常精度较低。

3.6.2 不同记录估算 Q 值

人们普遍通过 VSP 资料对 Q 值进行估计。Quan 和 Harris 将质心频率偏移法引入到 VSP 记录的 Q 值估计中来;Rickett 和高静怀等提出了从零偏 VSP 资料中估计 Q 值的高精度方法;Amundsen 和 Mittet 采用波形反演法估计了零偏 VSP 记录的 Q 值和速度;杨森林将谱相关系数法用于零偏移距 VSP 资料的 Q 值的估计,并分析多次下行波、随机噪声和上行波等对该方法的影响。

由于 CMP 记录代表了地下地质信息的多次观测结果,每一个炮集或道集均记录了不同炮检距的反射信息,因此它可以比 VSP 记录提供更多的时间域和空间域信息,提取与结构、岩性和物性相关的速度、Q 值等参数。为了确定 Q 值在空间中的特性,获得更加丰富可靠的地震信息,很多人提出了基于 CMP 道集的 Q 值计算方法。Dasgupta 和 Clark、Jeng 等分别利用对数谱比法从叠前 CMP 道集和单炮记录中估计了 Q 值;Zhang 和 Ulrych 提出了一种基于水平层状介质和直线射线路径的新方法,通过峰值频率提取叠前 CMP 道集的 Q 值;Liu 和 Wei 进一步改进了此方法,提出了弯曲射线路径的高精度 Q 值反演;陈爱萍等用峰值频率移动法估计了叠前 CMP 道集的 Q 值,用该方法估计 Q 值,需要加时窗截取地震信号并计算其峰值频率。

对于从转换横波中估算 Q 值,Carderon - Macias 等提出了一种从转换波地震数据求取 Q 值的方法,转换波的 Q 值与 P 波速度和 S 波速度的比值有关;Yan 和 Liu 基于谱比法求取了转换波 Q 值,并且给出了计算层间 Q 值的方法。

3.6.3 常 Q 扫描方法

在生产中,通常采用常 Q 扫描方法估算 Q 值。这种方法选一段记录,用不同的 Q 值从小到大各扫一次做反 Q 滤波,组成许多拼起来的图,然后处理人员在这些图上从浅至深选择一个个 Q 值。

3.6.4 李氏经验公式法

1994 年,李庆忠院士利用纵波速度做了大量实验,用以求取 Q 值,他从中经验中总结出一套公式,并将这套公式发表在他的著作《走向精确勘探的道路》里。该公式后来被称为李氏经验公式。

在具有速度资料的情况下,也可以采用李氏经验公式来求取 Q 值:

$$Q = 14 \cdot \left(\frac{v_P}{1000} \right)^{2.2}$$

3.6.5 反 Q 滤波方法

目前常用的反 Q 滤波方法可分为三大类:用级数展开作近似高频补偿的反 Q 滤波方法、基于波场延拓的反 Q 滤波方法和其他的反 Q 滤波方法。

1982 年,Hale 最早提出了基于 Futterman 模型的反 Q 滤波方法,该方法通过级数展开作近似高频补偿来进行反 Q 滤波;Bickel 和 Natarajan 从平面波传播的角度提出了依据积分法的反 Q 滤波,用复数表示了平面波的传播且反 Q 滤波算子是时间变量;McCarley 将地层对于地震波传播的滤波响应近似为常 Q 衰减,并给出了其对应的自回归滤波模型;为了提高计算效率,Hargreaves 和 Calvert 提出了相位反 Q 滤波方法,基于常 Q 模型用波场外推的方法补偿了地震波的相位但忽略了振幅的影响;后来 Bano 在频率域提出了基于层状常 Q 模型的相位反 Q 滤波方法,虽然可以稳定有效地补偿相位畸变,但同样忽略了振幅的影响;刘财等通过非均匀黏弹介质波动方程重新建立了更准确的 Q 值和吸收系数的关系,提出了基于分时窗的频率域吸收衰减补偿方法;Wang 于 2002 年提出了稳定高效的反 Q 滤波方法,它能同时稳定有效地补偿相位和振幅影响,2006 年又将这种稳定算法推广到 Q 随时间或深度连续变化的情况,即稳定的完全反 Q 滤波。Zhang 和 Tadeusz 将最小平方原理和贝叶斯定理引入到反 Q 滤波方法中限制不稳定性并取得了很好的效果。以上这些方法一般都是对零偏移距的地震记录(即地层水平情况下自激自收的地震数据)进行的补偿。由于波是沿着传播路径进行的衰减,相比叠后资料,叠前资料包含更丰富的地下信息且不会使原始地震数据的频率信息产生变形,因此最好的方法应该是对叠前地震数据进行反 Q 滤波,合理的补偿方法应该是沿着波的射线对振幅和相位分别进行补偿。基于此观点,Yan 和 Liu 对完全反 Q 滤波方法进行了改进,提出了沿着射线路径对叠前 PP 波和 PS 波进行补偿的反 Q 滤波方法。

反 Q 滤波方法经过数十年的发展,从只补偿相位到同时补偿振幅和相位,效率从低到高,逐渐趋于完善,但还是存在许多问题。Q 随时间或深度连续变化的情况虽然与实际地层接近但计算效率低,特别是对于叠前资料,数据量大,成本更高。

3.6.6 基于反演思想的 Q 值提取方法

这类 Q 值提取方法基于反演思想,主要包括波形反演和层析反演等。该类方法主要通过匹配波形中主要震相的振幅信息对地下 Q 值进行反演。2015 年,Yang 等基于最小二乘反演思想,将地下介质的黏滞性引入最小二乘框架中,考虑介质的 Q 扰动,对品质因子 Q 值进行成像,形成了一种基于多次迭代策略的 Q 值反演方法。该方法不仅可以得到较为准确的地下 Q 界面,而且可以得到较为准确的 Q 绝对值分布,为 Q 值的提取提供了一种新的思路。但该方法对初始 Q 模型的准确性要求较高,因此可以将其与其他的 Q 值提取方法相结合,将其他方法的 Q 值提取结果作为初始输入,通过多次迭代来获取更为可靠的 Q 界面及 Q 绝对值分布。

基于反演思想的 Q 值提取方法虽然具有依赖初始模型、易陷入局部极小值而使反演结果收敛不到全局最优解、存在多解性等缺点,但其具有更加严格的理论推导和更高的反演精度,因此该类方法及其改进算法是今后 Q 模型建立的重要研究内容之一。

思 考 题

1. 设地球模型由无数个均匀同心薄球层组成,试用斯内尔定律得到射线方程 $p = r \sin i / v(r)$。若一射线穿透到 $0.9r_0$(r_0 为地球平均半径),设在地表的波速是 $v_0 = 7.75 \text{km/s}$,在 $0.9r_0$ 处的速度为 $v = 10.55 \text{km/s}$,求此射线的射线参数和入射角。

2. 请导出球对称介质中射线参数与走时曲线的关系式(本多夫定律),并说明其实用意义。

3. 证明:在边界两边的两点之间能量所有可能的传播路径中,满足斯内尔定律的路径所需要的时间最短。

4. 推导厚度为 H 的一层首波理论走时方程。设 $H = 35 \text{km}$,$v_1 = 4\sqrt{2} \text{km/s}$,$v_2 = 8 \text{km/s}$,当地震发生在地表时,(1)请画出临界折射波的射线路径;(2)求首波出现的最小震中距;(3)求首波先于直达波出现的最小震中距。

5. 一个震源深度为 10km 的地震,多个区域台站记到的 Pn 波走时曲线的斜率为 0.125s/km,截距为 $3\sqrt{7}$(约 8s)。若均匀地壳内 P 波速度已知为 6km/s,试估计地幔顶部的 P 波速度和地壳厚度。

6. 列出图 3.10 资料点并没有完全落在标准模型相应走时曲线上的主要原因。

4　面波与自由振荡

P波和S波可以穿过介质内部沿任意方向传播,这种波称为体波。但实际地球介质是有限的,有边界的,在界面附近还可能存在另一种类型的波,它们沿着界面传播,称为面波。面波有多种,最重要的是瑞利(Rayleigh)波和勒夫(Love)波。

瑞利波由1885年英国物理学家瑞利(J. W. S. Rayleigh)首先在理论上导出,后在地震记录中得到证实。这种波是P波和S波的耦合,沿地球表面传播,波的位移矢量在垂直于地面的平面内做椭圆振动,波的振幅在地面最大,随着深度的增加以指数形式衰减。勒夫波是1911年英国物理学家勒夫(A. E. H. Love)提出的,这是SH型振动的面波,振动方向平行与地面且垂直于波的传播方向。这种面波发生的条件是浅地层的S波速度必须小于深层的S波速度。勒夫波首先是在高速半空间上覆盖一低速水平层的地层结构下导出的。

地球的自由振荡研究是地震学的基本问题之一。就像钟受到敲击时会发生振荡一样,地球在发生一个大地震后,也会使整个地球振荡起来,大地震产生的自由振荡可以延续到数周甚至数月之久。地球的自由振荡为整个地球的振荡,地球振荡的特征频率受地球形状、尺度(如半径)和地球内部物质结构的约束。因此研究地球自由振荡也是认识地球内部整体结构的重要途径之一。

本章主要介绍瑞利波和勒夫波及面波的频散,简单介绍地球的自由振荡的基本概念和特征。

4.1　瑞利波

先来讨论沿半无限弹性固体自由表面上的面波的传播问题(图4.1)。前面证明了P波和SV波均不可能独立地沿自由面传播。现在考虑另外一种情形,P波和SV波同时沿自由面传播,传播速度为c。

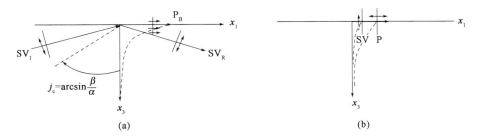

图4.1　S波入射自由界面产生瑞利面波示意图

(a)SV波临界入射到自由表面的情况;(b)P波和SV波耦合产生的瑞利波沿界面传播,在垂直界面的方向衰减

假设单频率P波、SV波的势函数分别为ϕ、ψ,给定解的形式:

$$\phi(x_1,x_3,t)=A(x_3)\,\mathrm{e}^{i\omega\left(\frac{x_1}{c}-t\right)} \tag{4.1a}$$

$$\psi(x_1,x_3,t)=B(x_3)\,\mathrm{e}^{i\omega\left(\frac{x_1}{c}-t\right)} \tag{4.1b}$$

下面将分析波动方程和自由边界条件对$A(x_3)$和$B(x_3)$的具体形式及波速c会有怎样的

约束,或这种波是否能存在。式(4.1)需分别满足波动方程:

$$\frac{\partial^2 \phi}{\partial t^2} = \alpha^2 \left(\frac{\partial^2 \phi}{\partial x_1^2} + \frac{\partial^2 \phi}{\partial x_3^2} \right), \quad \frac{\partial^2 \psi}{\partial t^2} = \alpha^2 \left(\frac{\partial^2 \psi}{\partial x_1^2} + \frac{\partial^2 \psi}{\partial x_3^2} \right)$$

代入可得

$$\frac{\mathrm{d}^2 A(x_3)}{\mathrm{d}x_3^2} - \omega^2 \left(\frac{1}{c^2} - \frac{1}{\alpha^2} \right) A(x_3) = 0 \tag{4.2a}$$

$$\frac{\mathrm{d}^2 B(x_3)}{\mathrm{d}x_3^2} - \omega^2 \left(\frac{1}{c^2} - \frac{1}{\beta^2} \right) B(x_3) = 0 \tag{4.2b}$$

考虑到波动在 $x_3 \to \infty$ 时应有限(符合自然边界条件),于是上述两个常微分方程的解具有以下形式:

$$A(x_3) = A \mathrm{e}^{-\omega \sqrt{\frac{1}{c^2} - \frac{1}{\alpha^2}} x_3} \tag{4.3a}$$

$$B(x_3) = B \mathrm{e}^{-\omega \sqrt{\frac{1}{c^2} - \frac{1}{\beta^2}} x_3} \tag{4.3b}$$

要使式(4.3)表示的是沿水平方向传播的波,$\sqrt{\frac{1}{c^2} - \frac{1}{\alpha^2}}$ 和 $\sqrt{\frac{1}{c^2} - \frac{1}{\beta^2}}$ 必须为实数,即需要满足以下条件:

$$c < \beta < \alpha \tag{4.4}$$

这说明均匀弹性半空间存在的面波的传播速度应比横波速度小。

将式(4.3)代入式(4.1),得

$$\phi = A \mathrm{e}^{-\omega \hat{\eta}_\alpha x_3} \mathrm{e}^{\mathrm{i}\omega(px_1 - t)} \tag{4.5}$$

$$\psi = B \mathrm{e}^{-\omega \hat{\eta}_\beta x_3} \mathrm{e}^{\mathrm{i}\omega(px_1 - t)} \tag{4.6}$$

其中

$$\hat{\eta}_\alpha = \sqrt{p^2 - \frac{1}{\alpha^2}}, \quad \hat{\eta}_\beta = \sqrt{p^2 - \frac{1}{\beta^2}}$$

式中　　p——波沿 x_1 方向传播的慢度,$p = 1/c$。

下面讨论可能存在的面波的具体特征。将以上 P 波和 S 波的势函数代入地震位移 **u** 的位势表达式:

$$\boldsymbol{u} = \left(\frac{\partial \phi}{\partial x_1}, 0, \frac{\partial \phi}{\partial x_3} \right) + \left(-\frac{\partial \psi}{\partial x_3}, 0, \frac{\partial \psi}{\partial x_1} \right) \tag{4.7}$$

由自由面上正应力和切应力为零的边界条件,即

$$\sigma_{13} \Big|_{x_3 = 0} = \mu \left(\frac{\partial u_1}{\partial x_3} + \frac{\partial u_3}{\partial x_1} \right) \Big|_{x_3 = 0} = 0$$

$$\sigma_{33} \Big|_{x_3 = 0} = \left[\lambda \left(\frac{\partial u_1}{\partial x_1} + \frac{\partial u_3}{\partial x_3} \right) + 2\mu \frac{\partial u_3}{\partial x_3} \right] \Big|_{x_3 = 0} = 0$$

将式(4.7)代入边界条件,得到

$$(p^2 - \eta_\beta^2) A - 2p\eta_\beta B = 0 \tag{4.8}$$

$$2p\eta_\alpha A + (p^2 - \eta_\beta^2) B = 0 \tag{4.9}$$

这是关于 A、B 的线性代数方程组。注意这里 $\eta_\alpha = \mathrm{i}\hat{\eta}_\alpha$,$\eta_\beta = \mathrm{i}\hat{\eta}_\beta$。

按代数理论,若 A、B 有非零解必须满足系数行列式为零,即

$$\begin{vmatrix} p^2 - \eta_\beta^2 & -2p\eta_\beta \\ 2p\eta_\alpha & p^2 - \eta_\beta^2 \end{vmatrix} = 0 \tag{4.10}$$

其中
$$\eta_\alpha = \sqrt{1/\alpha^2 - p^2}, \eta_\beta = \sqrt{1/\beta^2 - p^2}$$

由式(4.10)可得

$$\left(2p^2 - \frac{1}{\beta^2}\right)^2 - 4p^2\sqrt{p^2 - \frac{1}{\alpha^2}}\sqrt{p^2 - \frac{1}{\beta^2}} = 0 \tag{4.11}$$

这就是瑞利方程,这是自由表面形成瑞利面波的条件方程,是确定瑞利波速度 c(或慢度 $p = 1/c$)的方程,等式左端的函数称为瑞利函数 $R(p)$。由于瑞利方程中不含频率因子,即求出的波速 c 与频率无关,这说明沿均匀半无限空间表面传播的瑞利波是无频散的。

为求解瑞利方程(4.11),今将其改写为

$$\left(\frac{2\beta^2}{c^2} - 1\right)^2 - \frac{4\beta^2}{c^2}\sqrt{\frac{\beta^2}{c^2} - \frac{\beta^2}{\alpha^2}}\sqrt{\frac{\beta^2}{c^2} - 1} = 0 \tag{4.12}$$

为方便表示,令 $K_1 = \alpha/\beta, K_2 = c/\beta$,则瑞利方程可写成

$$(2 - K_2^2)^2 = 4(1 - K_2^2)^{1/2}\left(1 - \frac{K_2^2}{K_1^2}\right)^{1/2} \tag{4.13}$$

为方便求瑞利方程的根,将式(4.13)两边平方,归并后得到一个关于 K_2 的六次方程:

$$K_2^6 - 8K_2^4 + \left(24 - \frac{16}{K_1^2}\right)K_2^2 - 16\left(1 - \frac{1}{K_1^2}\right) = 0 \tag{4.14}$$

只有满足 $c < \beta < \alpha$(或 $K_2 < 1$)的根才是瑞利方程的根。

令 $K_2^2 = 0$,则方程左端 $= -16 + 16/K_1^2 < 0$,为负值;

令 $K_2^2 = 1$,则方程左端 $= 1$,为正值。

这说明在 $K_2 = 0, 1$ 之间必然有一实根 K_2 使 $K_2 < 1$,在这个条件下瑞利面波可以存在。也就是说,自由面上可以存在一种 $P - SV$ 耦合面波,其传播速度小于 S 波速度($c < \beta < \alpha$)。这种波是由英国人瑞利于 1885 年首先在理论上导出,以后在地震记录中得到证实的。这种面波被命名为瑞利波,记为 LR 或 R。

如果地球介质可以用泊松固体($\lambda = \mu$)近似,则 $K_1 = \sqrt{3}$,代入式(4.14)可求得瑞利方程有三个根:$K_2 = 2, \sqrt{2 + 2/\sqrt{3}}, \sqrt{2 - 2/\sqrt{3}}$。只有 $K_2 < 1$ 的根才是瑞利方程的根,故 $K_2 = \sqrt{2 - 2/\sqrt{3}}$,从而得

$$c = K_2\beta = 0.9194\beta$$

由于方程(4.14)中的参数 K_1 只与介质的泊松比 ν 有关:

$$K_1 = \frac{\alpha}{\beta} = \sqrt{\frac{\lambda + 2\mu}{\mu}} = \sqrt{\frac{2(1 - \nu)}{1 - 2\nu}} \tag{4.15}$$

λ, μ 是拉梅弹性常数,因而由式(4.14)求解出的瑞利波速也只与泊松比有关。图 4.2 给出了不同泊松比 ν 对应的瑞利波相速度的解(用瑞利波速与纵波速度、横波速度的比值给出),可以看到在泊松比典型变化范围内(0.2 ~ 0.4)所对应的瑞利波相速度在 S 波的 0.9 ~ 0.95 倍之间变化。

下面讨论瑞利波的质点运动特性。由式(4.8),有

$$B = \frac{2 - c^2/\beta^2}{2c\eta_\beta}A \tag{4.16}$$

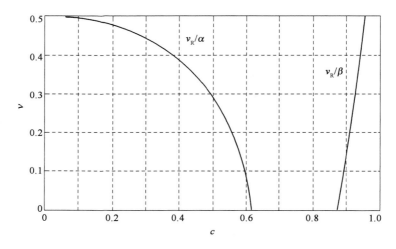

图 4.2 瑞利波相速度与泊松比的关系

将式(4.16)代入式(4.6)后,并由式(4.7)可得

$$
\begin{aligned}
u_1 &= \frac{\partial \phi}{\partial x_1} - \frac{\partial \psi}{\partial x_3} \\
&= Ai\omega p\left[e^{-\omega\hat{\eta}_\alpha x_3} + \frac{1}{2}\left(\frac{c^2}{\beta^2} - 2\right)e^{-\omega\hat{\eta}_\alpha x_3} \right]e^{i\omega(px_1 - t)}
\end{aligned}
\tag{4.17}
$$

$$
\begin{aligned}
u_3 &= \frac{\partial \phi}{\partial x_3} + \frac{\partial \psi}{\partial x_1} \\
&= -A\omega\left[\hat{\eta}_\alpha e^{-\omega\hat{\eta}_\alpha x_3} + \frac{1}{2c^2\hat{\eta}_\beta}\left(\frac{c^2}{\beta^2} - 2\right)e^{-\omega\hat{\eta}_\beta x_3} \right]e^{i\omega(px_1 - t)}
\end{aligned}
\tag{4.18}
$$

由于地震波的地面运动位移应是实数,仅取式(4.17)及式(4.18)的实数项描述瑞利波地面运动,即取

$$
u_1 = -A\omega p\left[e^{-\omega\hat{\eta}_\alpha x_3} + \frac{1}{2}\left(\frac{c^2}{\beta^2} - 2\right)e^{-\omega\hat{\eta}_\beta x_3} \right]\sin\left[\omega(px_1 - t) \right]
\tag{4.19}
$$

$$
u_3 = -A\omega\left[\hat{\eta}_\alpha e^{-\omega\hat{\eta}_\alpha x_3} + \frac{1}{2c^2\hat{\eta}_\beta}\left(\frac{c^2}{\beta^2} - 2\right)e^{-\omega\hat{\eta}_\beta x_3} \right]\cos\left[\omega(px_1 - t) \right]
\tag{4.20}
$$

对于泊松固体,则式(4.19)、式(4.20)可进一步写为

$$
\begin{aligned}
u_1 &= -Ak(e^{-0.85kx_3} - 0.58e^{-0.39kx_3})\sin(kx_1 - \omega t) \\
u_3 &= -Ak(0.85e^{-0.85kx_3} - 1.47e^{-0.39kx_3})\cos(kx_1 - \omega t)
\end{aligned}
\tag{4.21}
$$

其中
$$
k = \omega p = \omega/c
$$

式中　k——角频率为 ω 的瑞利波的波数。

对地表面记录的瑞利波,有 $x_3 = 0$,则有

$$
\begin{cases}
u_1 = -0.42Ak\sin(kx_1 - \omega t) \\
u_3 = 0.62Ak\cos(kx_1 - \omega t)
\end{cases}
\tag{4.22}
$$

式(4.22)表达地表质点为一逆进椭圆的运动轨迹(图4.3),即瑞利波的质点振动是在传播面上作逆进椭圆运动,椭圆的长轴方向垂直自由面,质点垂直方向振幅约为水平方向的 1.5 倍。实际记录的地震图上,瑞利波的垂直向记录显著强于水平向记录,也证实了以上的理论推断。

由式(4.21)可以看到,瑞利波的振幅总体上显示出随深度指数衰减的特征,但这种衰减并不是单调的,在约 0.193λ 深度处(λ 为波长),u_1 为 0,该深度以下的瑞利波的质点运动变为顺进椭圆(图4.4)。

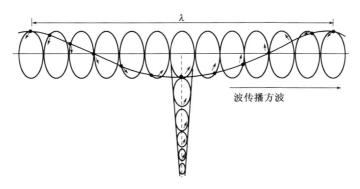

图 4.3　瑞利波质点振动沿水平和垂直界面方向运动情况

小结:

(1)瑞利波是由不均匀的 P 波和 SV 波叠加而成,在均匀半空间中传播时无频散,传播速度小于 S 波速度,大约为 S 波速度的 0.91 倍,而且速度与频率无关。

(2)瑞利波沿自由面传播,其振幅随深度大体呈指数衰减。瑞利波在地表面的质点运动轨迹为逆进椭圆。在大约 1/5 波长的深度以下,质点振动轨迹变为顺进椭圆。

4.2　勒夫波

设双层地球介质模型如图4.5所示,在半无限均匀弹性介质空间上覆盖了一个厚度为 H 的均匀弹性层,假定下层的 S 波速度 β_2 大于上层波速 β_1,这时透射波射线将更接近水平方向。特别是当上层 SH 波的入射角达到和超过临界入射角 $\arcsin(\beta_1/\beta_2)$ 时,下层的 SH 波将沿水平方向传播,上层的 SH 波将不再向地下透射,这时上面低速的覆盖地层就成了 SH 波的波导层。

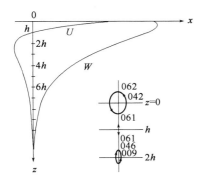 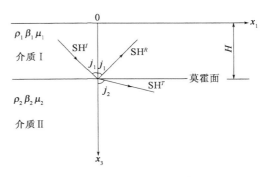

图 4.4　在半空间中瑞利面波水平位移 U
和垂直位移 W 变化情况
质点运动在 $z<h$ 时为逆进椭圆,$z=h$ 时为线
性极化波,$z>h$ 时为顺进椭圆

图 4.5　厚度为 H 的弹性固体覆盖在
弹性半空间中的勒夫波

由于 SH 波不与 P 波或 SV 波发生转换,因此可直接使用位移函数 $V(x_1, x_3, t)$。SH 入射波、反射波及透射波的位移可分别表示为

$$V^I = A\mathrm{e}^{\,\mathrm{i}\omega(px_1 + \eta_{\beta_1}x_3 - t)} \tag{4.23}$$

$$V^R = B\mathrm{e}^{\,\mathrm{i}\omega(px_1 - \eta_{\beta_1}x_3 - t)} \tag{4.24}$$

$$V^T = C\mathrm{e}^{\,\mathrm{i}\omega(px_1 + \eta_{\beta_2}x_3 - t)} \tag{4.25}$$

位移的方向皆是 x_2 轴的方向。

自由表面边界条件是

$$\sigma_{32}\Big|_{x_3=0} = \mu_1\left[\frac{\partial(V^I + V^R)}{\partial x_3}\right]\Big|_{x_3=0} = 0 \tag{4.26a}$$

在深度为 H 的地层分界面处的位移连续条件是

$$(V^I + V^R)\Big|_{x_3=H} = V^T\Big|_{x_3=H} \tag{4.26b}$$

在深度 H 处的应力连续条件 $\sigma_{32}\big|_{x_3=H^-} = \sigma_{32}\big|_{x_3=H^+}$ 导致

$$\mu_1\left[\frac{\partial(V^I + V^R)}{\partial x_3}\right]\Big|_{x_3=H^-} = \mu_2\frac{\partial V^T}{\partial x_3}\Big|_{x_3=H^+} \tag{4.26c}$$

将式(4.23)~式(4.25)的位移表达式代入上面三个边界条件,可得到

$$A\mathrm{i}\omega\eta_{\beta_1} - B\mathrm{i}\omega\eta_{\beta_1} = 0 \tag{4.27a}$$

$$A\mathrm{e}^{\mathrm{i}\omega\eta_{\beta_1}H} + B\mathrm{e}^{-\mathrm{i}\omega\eta_{\beta_1}H} = C\mathrm{e}^{\mathrm{i}\omega\eta_{\beta_2}H} \tag{4.28a}$$

$$\mu_1\left[\mathrm{i}\omega\eta_{\beta_1}A\mathrm{e}^{\mathrm{i}\omega\eta_{\beta_1}H} - \mathrm{i}\omega\eta_{\beta_1}B\mathrm{e}^{-\mathrm{i}\omega\eta_{\beta_1}H}\right] = \mu_2\mathrm{i}\omega\eta_{\beta_2}C\mathrm{e}^{\mathrm{i}\omega\eta_{\beta_2}H} \tag{4.29a}$$

则式(4.27a)、式(4.28a)、式(4.29a)可以简化为

$$A = B \tag{4.27b}$$

$$A(\mathrm{e}^{\mathrm{i}b_1H} + \mathrm{e}^{-\mathrm{i}b_1H}) - C\mathrm{e}^{\mathrm{i}b_2H} = 0 \tag{4.28b}$$

$$A\mu_1\eta_{\beta_1}(\mathrm{e}^{\mathrm{i}b_1H} - \mathrm{e}^{-\mathrm{i}b_1H}) - C\mu_2\eta_{\beta_2}\mathrm{e}^{\mathrm{i}b_2H} = 0 \tag{4.29b}$$

其中

$$b_1 = \omega\eta_{\beta_1}, \quad b_2 = \omega\eta_{\beta_2} \tag{4.30}$$

方程组(4.28b)、(4.29b)的非零解条件是线性方程组的系数行列式为 0,即

$$\begin{vmatrix} \mathrm{e}^{\mathrm{i}b_1H} + \mathrm{e}^{-\mathrm{i}b_1H} & -\mathrm{e}^{\mathrm{i}b_2H} \\ \mu_1\eta_{\beta_1}(\mathrm{e}^{\mathrm{i}b_1H} - \mathrm{e}^{-\mathrm{i}b_1H}) & -\mu_2\eta_{\beta_2}\mathrm{e}^{\mathrm{i}b_2H} \end{vmatrix} = 0 \tag{4.31}$$

于是得

$$\tan(\omega\eta_{\beta_1}H) = \frac{\mu_2\eta_{\beta_2}}{\mathrm{i}\mu_1\eta_{\beta_1}} \tag{4.32}$$

讨论:

(1)当上层入射 SH 波的入射角 $j_1 < j_c = \arcsin(\beta_1/\beta_2)$ 时,$c = \dfrac{1}{p} = \dfrac{\beta_2}{\sin j_2} > \beta_2 > \beta_1$,则 $\eta_{\beta_1} = \sqrt{\dfrac{1}{\beta_1^2} - \dfrac{1}{c^2}}$ 和 $\eta_{\beta_2} = \sqrt{\dfrac{1}{\beta_2^2} - \dfrac{1}{c^2}}$ 均为实数,方程(4.32)无解,不存在满足边界条件的波。

(2)当 $j_1 = j_c = \arcsin(\beta_1/\beta_2)$ 时,$\sin j_2 = 1$,$c = \beta_2$,则 $\eta_{\beta_2} = 0$,方程(4.32)仅有零解,不存在有意义的波。

(3)当 $j_1 > j_c = \arcsin(\beta_1/\beta_2)$ 时,$\beta_1 < c < \beta_2$,则 $\eta_{\beta_1} = \sqrt{\dfrac{1}{\beta_1^2} - \dfrac{1}{c^2}}$ 仍为实数,但 $\eta_{\beta_2} = \sqrt{\dfrac{1}{\beta_2^2} - \dfrac{1}{c^2}} = \mathrm{i}\hat{\eta}_{\beta_2}$ 为纯虚数,于是方程(4.32)有解。

为了更清楚地表达方程(4.32)的解,可将其写为

$$\tan\left(\omega H\sqrt{1/\beta_1^2 - 1/c^2}\right) = \frac{\mu_2\sqrt{1/c^2 - 1/\beta_2^2}}{\mu_1\sqrt{1/\beta_1^2 - 1/c^2}} \tag{4.33}$$

式(4.33)清楚地表明,实数 c 的解必须在 $\beta_1 < c < \beta_2$ 的范围内;由于三角函数的多值性,存在关于 c 的多个解。满足式(4.33)解的 SH 型波称为勒夫波,记为 LQ 或 G。

勒夫波是多阶波,n 阶勒夫波的相速度 c_n 由下式求得

$$\omega H\sqrt{1/\beta_1^2 - 1/c_n^2} = \arctan\frac{\mu_2\sqrt{1/c_n^2 - 1/\beta_2^2}}{\mu_1\sqrt{1/\beta_1^2 - 1/c_n^2}} + n\pi \qquad n = 0,1,2,\cdots \tag{4.34}$$

式中 n——勒夫波的阶数。

$n = 0$ 所对应的勒夫波称为基阶勒夫波,其他称为 n 阶勒夫波。

观测表明,勒夫波的能量主要集中在基阶波上。式(4.34)表明,勒夫波的相速度不仅与阶数有关,还与波的频率有关,因此式(4.34)也经常被称为勒夫波的频散方程或者周期方程。在周期方程中,速度与频率有关,在记录图上,表现为成群出现,每一群表现一列波,即每一群按各自的频率散开,这种相速度与频率有关的现象称为频散,如图4.6所示为北京大学布设在山西的临时地震台记录的 2007 年 4 月 1 日发生在所罗门群岛 8.0 级地震的频散面波的记录(震中距 60.5°)。

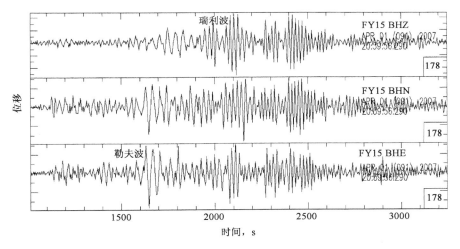

图 4.6　北京大学布设在山西的临时地震台记录的 2007 年 4 月 1 日发生在
所罗门群岛 8.0 级地震的频散面波的记录

图 4.7 是勒夫波频散方程(4.33)的图解表示,实线表示式(4.33)左端的函数,虚线表示其右端的函数,实线与虚线的交点即是方程(4.33)的解,交点的数值决定了 ω 和 c 的联合取值,而勒夫波的相速度 c 的取值在 (β_1,β_2) 的范围内变化。图 4.8 是基阶和高阶勒夫波的相速度频散曲线图,由图可见,频率越高的波,相速度越趋近覆盖层介质的 S 波速度;同阶情况下,低频波相速度较大;同频率情况下,高阶波相速度较大。基阶波的频率范围是 $(0, +\infty)$,而高阶波的高频可以趋于很大,但低频存在截止点。由式(4.34)可以看出,当 $c_n \to \beta_2$ 时,反正切函数值 $\to 0$,于是高阶勒夫波的截止低频为

$$\omega_{c_n} = \frac{n\pi}{H\sqrt{1/\beta_1^2 - 1/\beta_2^2}} \qquad n = 0, 1, 2, \cdots \tag{4.35}$$

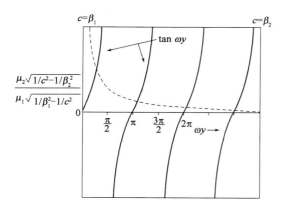

图 4.7　勒夫波频散方程的图解

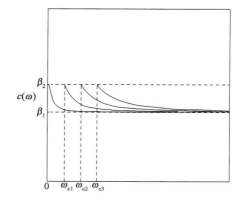

图 4.8　基阶和高阶勒夫波的相速度频散曲线

截止波长为

$$\lambda_{c_n} = \frac{2\pi}{\omega_{c_n}} c_n = \frac{2H\sqrt{\beta_2^2/\beta_1^2 - 1}}{n} \qquad n = 0,1,2,\cdots \qquad (4.36)$$

根据式(4.23)～式(4.25),并考虑式(4.27b),在上覆盖层中 SH 波的位移为

$$\begin{aligned}
V_{\mathrm{I}} &= V^I + V^R = A\mathrm{e}^{\mathrm{i}\omega(px_1 + \eta_{\beta_1}x_3 - t)} + B\mathrm{e}^{\mathrm{i}\omega(px_1 - \eta_{\beta_1}x_3 - t)} \\
&= A(\mathrm{e}^{\mathrm{i}\omega\eta_{\beta_1}x_3} + \mathrm{e}^{-\mathrm{i}\omega\eta_{\beta_1}x_3})\mathrm{e}^{\mathrm{i}\omega(px_1 - t)} \\
&= 2A\cos(\omega\eta_{\beta_1}x_3)\mathrm{e}^{\mathrm{i}\omega(px_1 - t)} \qquad x_3 < H
\end{aligned} \qquad (4.37)$$

下层中的位移为

$$V_{\mathrm{II}} = V^T = C\mathrm{e}^{\mathrm{i}\omega(px_1 + \eta_{\beta_2}x_3 - t)} = C\mathrm{e}^{-\omega\hat{\eta}_{\beta_2}x_3}\mathrm{e}^{\mathrm{i}\omega(x_1 p - t)} \qquad x_3 \geqslant H \qquad (4.38)$$

式(4.37)及式(4.38)表明,如果在半无限弹性介质上覆盖有低速盖层,则存在沿水平方向传播的 SH 型面波,其传播速度 c 在低速盖层与高速下层的 S 波速度之间,即 $\beta_1 < c < \beta_2$。英国物理学家勒夫(A. E. H. Love)1911 年首先从理论上提出存在这种 SH 型面波,因此被称为勒夫(Love)波。下层中的勒夫波振幅是按指数单调衰减的,而上覆盖层中的勒夫波振幅是按余弦函数变化的,自由面振幅最大。

频散曲线的形状随 H 是如何变化的呢? 如图 4.9 所示。勒夫波的相速度在 β_1 和 β_2 之间,而瑞利面波的相速度在 $0.92\beta_2$ 和 $0.92\beta_1$ 之间。

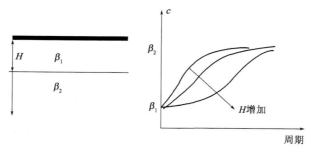

图 4.9　频散曲线与深度 H 的关系

图 4.10 显示了由频散方程确定的 n 阶振型勒夫波的相速度、角频率和波数的关系。相应于一个 c,有无穷多个 k(或 T)存在。频散曲线有无穷多支,每一支相应于一种"振型"。频率固定,波数小,速度大,基阶振型相速度小,高阶面波相速度大;波数固定,高频波具有较大的相速度,基阶面波比高阶振型的面波相速度低;相速度固定,面波有无穷多个振型,对于给定的距

离,低频的基阶面波和高频的高阶面波到时相同。

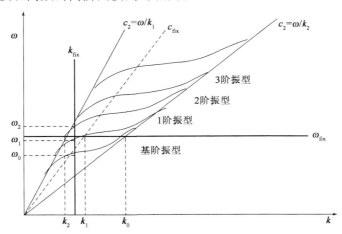

图 4.10　由频散方程确定的 n 阶振型勒夫波的相速度、角频率和波数的关系

现在讨论盖层中 n 阶勒夫面波振幅随深度的变化。由式(4.34)有

$$\omega\eta_{\beta_1} = \omega\sqrt{\frac{1}{\beta_1^2} - \frac{1}{c_n^2}} = \frac{\arctan\dfrac{\mu_2\sqrt{1/c_n^2 - 1/\beta_2^2}}{\mu_1\sqrt{1/\beta_1^2 - 1/c_n^2}} + n\pi}{H} \tag{4.39}$$

令

$$g = \arctan\frac{\mu_2\sqrt{1/c_n^2 - 1/\beta_2^2}}{\mu_1\sqrt{1/\beta_1^2 - 1/c_n^2}}$$

根据式(4.37),盖层中振幅为 0 的节面深度 x_3 应该满足以下条件:

$$\cos(\omega\eta_{\beta_1}x_3) = \cos\left[\left(\frac{g + n\pi}{H}\right)x_3\right] = 0$$

即应有

$$\frac{g + n\pi}{H}x_3 = \left(m + \frac{1}{2}\right)\pi \qquad m = 0, \pm1, \pm2\cdots$$

振动节面的深度应是

$$x_3 = \frac{\left(m + \dfrac{1}{2}\right)\pi}{g + n\pi}H \qquad m = 0, \pm1, \pm2, \cdots \tag{4.40}$$

由于节面深度取值只能在 0 和 H 之间,即 $0 \leqslant x_3 \leqslant H$,于是应有

$$0 < \frac{\left(m + \dfrac{1}{2}\right)\pi}{g + n\pi} \leqslant 1$$

因为 $0 < g \leqslant \dfrac{\pi}{2}$,所以上式中的 m 不能取负值,于是式(4.40)应修改为

$$x_3 = \frac{\left(m + \dfrac{1}{2}\right)\pi}{g + n\pi}H \qquad m = 0, 1, 2, \cdots, n-1 \tag{4.41}$$

可见 n 阶勒夫波在盖层中存在 n 个振幅为 0 的节面,各节面的深度由式(4.41)决定。图 4.11
显示了根据式(4.37)和式(4.38)绘出的基阶($n = 0$)、1 阶($n = 1$)和 2 阶($n = 2$)勒夫波振幅
随深度的变化。

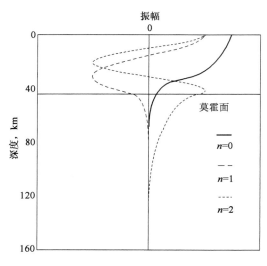

图 4.11　基阶、1 阶和 2 阶勒夫波振幅随深度的变化

小结：

（1）勒夫面波可以在半无限均匀弹性介质上部存在低速覆盖层的结构中产生，沿水平层面传播，传播速度介于上、下两层介质的 S 波速度之间，速度大小与频率有关（存在频散）。勒夫波的传播速度比瑞利波的快。

（2）勒夫面波存在多阶振型，但其能量主要集中在基阶波上，基阶波的振幅在地表最大。勒夫波振幅在盖层内随深度按余弦函数变化，在下层按指数随深度衰减。勒夫波的质点振动方式与 SH 波同，是在垂直于传播方向的水平方向上振动。

（3）勒夫面波是 SH – SH 相干面波，理论上没有垂向分量和径向分量。

4.3　频散方程的相长干涉解释

原入射平面波（超临界入射）与底界面上的类全反射（存在相位超前）均匀平面波之间发生同相叠加而增强，称为相长干涉。

同相叠加指两波之间波阵面的行程差引起的总相位差正好是 2π 的整数倍。

面波是层内平面波相长干涉的结果，或者说面波可以看作波的一种干涉现象。下面进行证明。

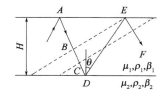

图 4.12　层内平面波的相长干涉

如图 4.12 所示，设 $ADEF$ 表示平面 SH 波的一部分路径。这个平面波在底面发生类全反射后，到了自由表面又发生发射。这个在层间发生类全反射后的平面波波阵面的行程比原平面波的行程长。其行程差等于 BDE 的长度。相位滞后了 $\frac{2\pi}{l}BDE$，其中 l 是 BC 方向上的波长，$l = 2\pi\beta/\omega$。

当 SH 平面波在底面发生类全反射时，相位超前了 2ε（见第 3 章）。当它在自由表面发生反射时，相位不发生变化。

如果总相位差正好是 2π 的整数倍：

$$\frac{2\pi}{l}BDE - 2\varepsilon = 2n\pi \qquad n = 1,2,3,\cdots \tag{4.42}$$

则在层间类全反射后的平面波便与原平面波发生相长干涉。

$BDE = 2H\cos\theta$，所以式（4.42）变为

$$\frac{\omega}{\beta_1}H\cos\theta = \varepsilon + n\pi \qquad n = 1,2,3,\cdots \tag{4.43}$$

因为

$$\sin\theta = \frac{\beta_1}{c}$$

所以
$$\cos\theta = \frac{\beta_1}{c}(c^2/\beta_1^2 - 1)^{1/2}$$

代入式(4.43)并对其两边取正切,得到勒夫波的频散方程:

$$\tan(\omega H\sqrt{1/\beta_1^2 - 1/c^2}) = \frac{\mu_2\sqrt{1/c^2 - 1/\beta_2^2}}{\mu_1\sqrt{1/\beta_1^2 - 1/c^2}}$$

由此可见,面波可以看作是波的一种干涉现象。按照这种观点,面波的相速度即是波在水平方向的视速度;高阶振型的面波对应于高阶的干涉。实际上,地震学中,记录到的勒夫波和瑞利波两种类型的面波,是由不同的振型叠加构成的,但是,一般来说,基阶以及第一和第二高阶占优势。

4.4 面波的频散

地震波通常含有不同频率的波动成分,由于地球内部介质具有不均匀性、非完全弹性,因此不同频率成分的波动可能有不同的传播速度。地震波的传播速度随波的频率而变化的现象称为频散。单一频率成分的波动传播的速度称为波的相速度,含不同频率成分的合成波的能量极大值的传播速度称为波的群速度。体波的频散主要是由介质对波动能量的非弹性吸收引起的;面波的频散主要由地球内部速度的纵向和横向变化的不均匀性引起的,在地震图上,尤其是远震显得非常清楚。

当波传播的相速度 c 与波数 k(或 ω)有关时,波动的波形随时间连续变化。随时间的推移,有限的扰动将逐渐扩展为波列,这种现象称为频散。下面讨论面波的频散。

4.4.1 相速度和群速度

4.4.1.1 相速度

单色简谐波(一个频率 ω)在传播的过程中,波的同相面(波阵面)传播的速度称为相速度。

如图 4.13 所示,在 t 时刻某点 x 的相位,经过时刻 δt 移动了距离 δx,也就是说,t 时刻 x 点的相位和 $t + \delta t$ 时刻 $x + \delta x$ 点的相位相等,即

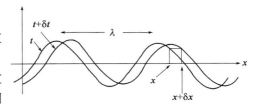

图 4.13 单频率波传播的相速度

$$\omega t - kx = \omega(t + \delta t) - k(x + \delta x) \text{ 或 } \omega\delta t - k\delta x = 0$$

则波的相速度为

$$c = \frac{\delta x}{\delta t} = \frac{\omega}{k} = \frac{\lambda}{T} \tag{4.44}$$

式中 k——波数;

   T——周期;

   λ——波长。

4.4.1.2 群速度

复合平面波(多个频率 ω_i)在传播过程中相互干涉,合成振动的振幅的极大值的传播速度就是波的群速度。

1)具有离散频谱的频散波

设有两个沿 x 方向传播的振幅相同、频率相差不大的简谐平面波,频率分别为 ω_1 和 ω_2,

相速度分别为 c_1、c_2，波数分别为 k_1、k_2。此两简谐波叠加后，其合成振动的位移场为

$$u(x,t) = A\cos(\omega_1 t - k_1 x) + A\cos(\omega_2 t - k_2 x) \tag{4.45}$$

假定 $\omega = \omega_1 + \delta\omega = \omega_2 - \delta\omega$，$k = k_1 + \delta\omega = k_2 - \delta\omega$，其中 $\delta\omega$、δk 为小量。代入式(4.45)并利用 $2\cos x\cos y = \cos(x+y) + \cos(x-y)$，得到

$$\begin{aligned} u(x,t) &= 2A\cos(\delta\omega t - \delta k x)\cos(\omega t - kx) \\ &= 2A\cos[\delta\omega(t - x/U)]\cos[\omega(t - x/c)] \end{aligned} \tag{4.46}$$

式(4.46)包含有两个余弦函数乘积因子，前一个因子的变化较后一个要慢得多，整个叠加波列沿 x_1 方向以 c 的速度传播，其振幅沿 x 方向传播，振幅变化的速度为

$$U = \frac{\delta\omega}{\delta k} \tag{4.47}$$

在极限的情况下，可将群速度值表示为

$$U = \frac{\delta\omega}{\delta k} \approx \frac{\mathrm{d}\omega}{\mathrm{d}k} \tag{4.48}$$

这个速度 U 就是波的群速度。图4.14 为两列波叠加后合成振动的图像，其振幅变化曲线称为波的包迹或称为波包。此波包以群速度 U 传播，因此群速度也是波的能量传播速度。此两列波叠加后 $u(x,t)$ 的时空图像形似一串串（"群"）波列在传播，低频包络以 U 的速度传播，高频波则以 c 传播。

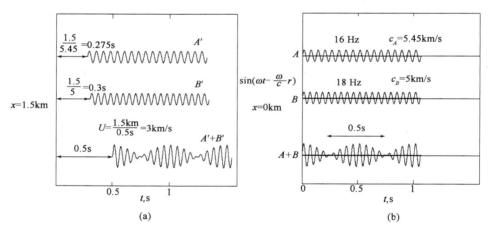

图4.14 $x=0$ 和 $x=1.5\mathrm{km}$ 处两列波的叠加后合成振动的图像

群速度 U 和相速度 c 的关系（图4.15）为

$$U = \frac{\mathrm{d}\omega}{\mathrm{d}k} = \frac{\mathrm{d}(ck)}{\mathrm{d}k} = c + k\frac{\mathrm{d}c}{\mathrm{d}k} \tag{4.49}$$

由于 $k\lambda = 2\pi$，式(4.49)还可写为

$$U = c + k\frac{\mathrm{d}c}{\mathrm{d}k} = c - \lambda\frac{\mathrm{d}c}{\mathrm{d}\lambda} \tag{4.50}$$

显然，当 $\mathrm{d}c/\mathrm{d}\lambda \neq 0$ 时，有频散；$\mathrm{d}c/\mathrm{d}\lambda > 0$ 称正频散，长波先到，$U < c$；$\mathrm{d}c/\mathrm{d}\lambda < 0$ 称反（负）频散，短波先到，$U > c$。

图4.12(a)所示例子属于正频散，在地震图上大周期的信号在前，小周期信号的面波在后，即高频率波的相速度小，因而群速度小于相速度。由于地壳和地幔介质整体上表现出地震波速度随深度增加而增大的趋势，而高频波穿透介质的深度小于低频波的，因此高频波的相速

度要比低频波的慢些,即 $dc/dk < 0$ 或 $dc/d\lambda > 0$,一般都是群速度小于相速度。但对部分穿越低速层的频段的波,群速度大于相速度,高频波的相速度比低频波的快些,即 $dc/dk > 0$ 或 $dc/d\lambda < 0$。需注意的是,当相速度随频率变化时,相应的群速度也可能随频率变化。

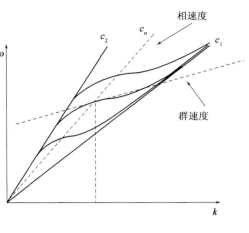

图 4.15 相速度和群速度的关系

2)频散波具有连续波谱时的情形

若有无限个沿 x 方向传播的简谐平面波,其振幅为 1,频率 ω 从 ω_1 变到 ω_2,ω_0 为 ω_1、ω_2 的平均值,$\omega_1 = \omega_0 - \delta\omega$,$\omega_2 = \omega_0 + \delta\omega$。或者说,波数 k 从 k_1 变到 k_2,k_0 为 k_1、k_2 的平均值,$k_1 = k_0 - \delta k$,$k_2 = k_0 + \delta k$。

合成振动用积分表示为

$$
\begin{aligned}
u(x,t) &= \int_{k_1}^{k_2} e^{i(\omega t - kx)} dk = \int_{k_0-\delta k}^{k_0+\delta k} e^{i(\omega t - kx)} dk \\
&= \int_{k_0-\delta k}^{k_0+\delta k} e^{i[(\omega_0+\delta\omega)t-(k_0+\delta k)x]} dk \\
&= \int_{k_0-\delta k}^{k_0+\delta k} e^{i(\delta\omega \cdot t - \delta k \cdot x)} dk \cdot e^{i(\omega_0 t - k_0 x)} \\
&= \int_{k_0-\delta k}^{k_0+\delta k} e^{i\delta\omega \cdot (t-\frac{x}{U})} dk \cdot e^{i(\omega_0 t - k_0 x)}
\end{aligned}
$$

在极限情形下,同样有

$$
U = \frac{\delta\omega}{\delta k} \approx \frac{d\omega}{dk}
$$

实际面波记录频散波包图如图4.16、图4.17和图4.18所示,面波的频散图像形状像一串串("群")波列在传播,低频包络以群速度 $U(\omega)$ 传播,高频波以 $c(\omega)$ 传播,振幅受到低频调制(包络)。

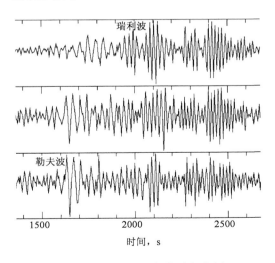

图 4.16 面波记录频散波包实例

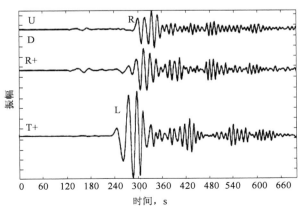

图 4.17 面波记录频散波实例

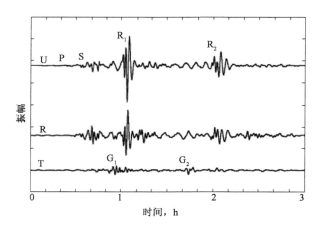

图 4.18　面波记录频散波包实例

4.4.2　频散面波的近似图像和艾里相

除自由表面传播的瑞利面波无频散外,所有地震面波都具有频散特征。频散面波的记录图像是无数不同频率的波经层状介质叠加的合成振动。

4.4.2.1　频散面波的图像

1）用空间域$(k-x)$的傅里叶积分表示频散

设波沿 x 方向传播的无数不同频率,则在数学上可表达为（数学处理方法）

$$u(x,t) = \int_{-\infty}^{\infty} s(k) e^{ik[c(k)t-x]} dk$$

其中,$s(k)$为振幅谱,$c(k)=\omega/k$为相速度。

令总相位 $\theta(k) = \omega t - kx$,则

$$u(x,t) = \int_{-\infty}^{\infty} s(k) e^{i\theta(k)} dk \tag{4.51}$$

2）稳相法求积分

当 x、t 相当大时,可用稳相法计算其近似表达式。使用条件如下:

一是对于给定的合理的(x,t)有$d\theta/dk|_{k=k_0=0}$,即若 $k=k_0$ 时,$\theta(k)$处于稳定值,k_0 为 $\theta(k)$的稳定点。基本同相的 $k_0+\delta k$ 成分叠加,其余的成分异相抵消。

二是$s(k)$相对于 $e^{i\theta(k)}$变化缓慢,则在 $k=k_0$ 稳定值处,被积函数近似等于常数 $s(k)$乘以$e^{i\theta(k)}$,实际地震在 t 或 x 足够大时满足这个条件。

取 $k=k_0+\xi$,ξ 为很小的数,在 $k=k_0$ 附近将 $\theta(k)$ 展成泰勒级数:

$$\theta(k) = \theta(k_0) + \theta'(k_0)\xi + \frac{\theta''(k_0)}{2!}\xi^2 + \frac{\theta'''(k_0)}{3!}\xi^3 + \cdots\cdots \tag{4.52}$$

仅取到二级微量,且由于 $\theta(k_0)$ 为稳定值即 $\theta'(k_0)=0$,则

$$\theta(k) \approx \theta(k_0) + \frac{\xi^2}{2}\theta''(k_0)$$

将它代入积分式(4.51),且 $s(k)\approx s(k_0)$ 为常数,得

$$u(x,t) = s(k_0) e^{i\theta(k_0)} \int_{-\infty}^{\infty} e^{i(1/2)\theta''(k_0)\xi^2} d\xi \tag{4.53}$$

应用积分公式(著名的菲涅尔积分公式):

$$\int_{-\infty}^{+\infty} \cos x^2 \, \mathrm{d}x = \int_{-\infty}^{+\infty} \sin x^2 \, \mathrm{d}x = \sqrt{\frac{\pi}{2}}$$

故
$$\int_{-\infty}^{\infty} e^{\pm i(1/2)\alpha \xi^2} \, \mathrm{d}\xi = \int_{-\infty}^{\infty} \left[\cos\left(\frac{1}{2}\alpha \xi^2\right) \pm i\sin\left(\frac{1}{2}\alpha \xi^2\right) \right] \mathrm{d}\xi = \sqrt{\frac{2\pi}{a}} e^{\pm i(\pi/4)}$$

将其代入式(4.53)得

$$u(x,t) = \frac{\sqrt{\pi} s(k_0)}{\sqrt{\left|\frac{1}{2}\theta''(k_0)\right|}} e^{i[\theta(k_0) \pm \pi/4]} \tag{4.54}$$

式中的 ± 号与 $\theta''(k)$ 的 ± 号相同。式(4.54)表明,合成振动的振幅和相位均发生了变化,写成实数形式:

$$u(x,t) = \frac{\sqrt{\pi} s(k_0)}{\sqrt{\left|\frac{1}{2}\theta''(k_0)\right|}} \cos\left[\theta(k_0) \pm \frac{\pi}{4}\right] \tag{4.55}$$

这就是在 x 处,t 足够大时,频散面波合成振动的近似图像。该扰动主要来自波长接近于 $2\pi/k_0$ 的简谐波群,而波数 k_0 满足

$$\left(\frac{\mathrm{d}\omega}{\mathrm{d}k}\right)_{k=k_0} = U(k_0) \tag{4.56}$$

随着时间的推移,初始扰动连续地将自身分成一系列简谐波组,每一组与一特殊的波长相联系,并以其特有的群速度向前传播。而面波波群的振幅极大值一般出现在相位取稳定值处,由式(4.55)可知,面波的相位为

$$\varphi(k)\big|_{k=k_0} = \big|\theta(k)\big|_{k=k_0} \pm \pi/4 = \omega_0 t - k_0 x \pm \pi/4 \tag{4.57}$$

则

$$\frac{\mathrm{d}\varphi}{\mathrm{d}k}\bigg|_{k=k_0} = \left(c + k\frac{\mathrm{d}c}{\mathrm{d}k}\right)\bigg|_{k=k_0} t - x = 0$$

式中 ω_0——波数 k_0 对应的值。

由此式可求出与特定波数 k_0 对应的波群的群速度为

$$U(k)\big|_{k=k_0} = \frac{x}{t} \tag{4.58}$$

式(4.58)即是测量群速度 U 的基本原理公式。

因为 $\theta''(k) = \dfrac{\mathrm{d}^2\omega}{\mathrm{d}k^2} t = \dfrac{\mathrm{d}U}{\mathrm{d}k} t$,所以式(4.55)变为

$$u(x,t) = \frac{\sqrt{\pi} s(k_0)}{\sqrt{\frac{t}{2}\left|\frac{\mathrm{d}U}{\mathrm{d}k}\right|_{k_0}}} \cos\left[\theta(k_0) \pm \frac{\pi}{4}\right] \tag{4.59}$$

频散面波的振幅变化决定于群速度 U 的变化率 $\mathrm{d}U/\mathrm{d}k\big|_{k=k_0}$。$U$ 在 k_0 附近变化越小,同相成分越多,振幅越大。

因为 $t = x/U$,所以式(4.59)可以变为

$$u(x,t) = \frac{\sqrt{\pi} s(k_0)}{\sqrt{\frac{x}{2U}\left|\frac{\mathrm{d}U}{\mathrm{d}k}\right|_{k_0}}} \cos\left[\theta(k_0) \pm \frac{\pi}{4}\right] \tag{4.60}$$

可以看出频散面波的振幅以 $x^{-1/2}$ 的形式衰减。注意，当 $\mathrm{d}U/\mathrm{d}k\big|_{k_0}=0$ 时，式(4.60)不成立。

4.4.2.2 艾里震相

当 $\mathrm{d}U/\mathrm{d}k\big|_{k_0}=0$ 时，频散面波的近似式(4.60)不成立。

现在需要多取一项泰勒级数项，为了区别，用 k_s 表示群速度为稳定值时的波数，即 $\mathrm{d}U/\mathrm{d}k\big|_{k=k_0}=0)$，$\theta(k)$ 在 k_s 点展开($k=k_s+\xi$)得

$$\theta(k)=\theta(k_s)+\theta'(k_s)\xi+\frac{\theta'''(k_s)}{3!}\xi^3+\cdots$$

因此，波形的近似式为

$$u(x,t)=2\pi\sqrt[3]{\frac{2}{t\left|\dfrac{\mathrm{d}^2U}{\mathrm{d}k^2}\right|_{k_s}}}s(k_s)A_i(\pm\xi)\cos(\omega_s t-k_s x) \tag{4.61}$$

其中，$\pm$ 号分别与 $(\mathrm{d}^2U/\mathrm{d}k^2)_{k_s}>0$ 和 $(\mathrm{d}^2U/\mathrm{d}k^2)_{k_s}<0$ 相对应；$A_i(\xi)$ 是艾里函数：

$$A_i(\xi)=\frac{1}{\pi}\int_0^\infty\cos\left(s\xi+\frac{s^3}{\xi}\right)\mathrm{d}s,\xi=(U_s t-x)\left(t\left|\frac{\mathrm{d}^2U}{\mathrm{d}k^2}\right|_{k_s}\right)^{1/3} \tag{4.62}$$

可见，与群速度的稳定值相联系的 k_s 附近的简谐波群在 t 时刻、x 处所引起的扰动是波长为 $2\pi/k_s$ 的简谐波，其振幅的包络线由艾里函数表示。与群速度的稳定值(极大值或极小值)相联系的频散波叫艾里相(Airy phase)。再以 $t=x/U$ 代入式(4.61)，得

$$u(x,t)=2\pi\sqrt[3]{\frac{2}{\dfrac{x}{U}\left|\dfrac{\mathrm{d}^2U}{\mathrm{d}k^2}\right|}}s(k_s)A_i(\pm\xi)\cos(\omega_s t-k_s x) \tag{4.63}$$

表明，艾里震相附近的振幅以 $x^{-1/3}$ 的形式缓慢衰减，而由远震频散面波的振幅正比于 $x^{-1/2}$，所以，当足够大时，艾里震相占面波的主要部分，这已由地震观测所证实。

4.4.3 面波的频散曲线

从地震图上可以确定不同周期的面波相速度和群速度。由于地球内部介质的差异，经不同地区的面波频散曲线是不同的，多用地震面波研究地壳构造。

4.4.3.1 理论频散曲线

给定分层模型的各种参数，可按频散方程作出群速度、相速度随波数或周期变化的曲线，$c(T)\sim T$ 或 $c(k)\sim k$、$U(T)\sim T$ 或 $U(k)\sim k$ 通称为理论的频散曲线。

4.4.3.2 实测频散曲线

利用台网地震记录，可得到实测的群速度或相速度频散曲线。

1)群速度测量

下面介绍双台法确定群速度频。

图 4.17 表示由地震记录图确定不同周期的地震面波相速度和群速度的原理，由式(4.58)，在 $x=x_1,t=t_1$ 处的扰动是波数满足下式的简谐振动：

$$U(k_r)=\frac{x_1}{t_1}$$

所以,由震中距为 x_1 的某台站记录到的面波周期 T_r 以及该周期面波的走时 t_1,便可按上式求得相应的群速度 $U(k_r)$。

如果在 $x = x_2$ 处、$t = t_2$ 时刻又记录到波数为 k_r 的简谐振动,那么

$$U(k_r) = \frac{x_2}{t_2}$$

从而

$$U(k_r) = \frac{x_2 - x_1}{t_2 - t_1} \tag{4.64}$$

这是双台法测量群速度的基本公式。按照式(4.58),波数为常数(也即周期相同)的扰动在走时图中的轨迹是一条过原点的直线,其斜率为 $1/U(k_r)$。一般来说,不同地点上周期相同的瞬时扰动其相位是不同的,如图4.19所示,波数为 k 的扰动,其群速度为 $U(k)$,在不同地点,扰动的瞬时周期都相同,但其相位一般说是不同的。图4.19只是为了区别相速度和群速度的概念,特意标出了扰动周期相同而且相位也同为波峰的 (x_1, t_1) 和 (x_2, t_2) 的两个瞬时扰动。

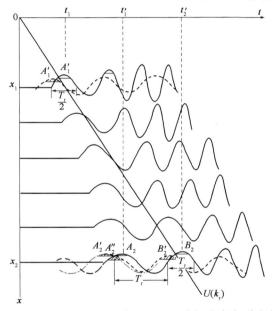

图4.19 地震记录图确定不同周期的地震面波相速度和群速度的原理图

现在介绍常用的确定群速度频散曲线的方法——时频分析法(FTAN)。

将去除趋势变化后的面波地震记录时间序列 $w(t)$,经傅里叶变换后得到其频谱 $W(\omega)$,再经仪器响应校正后得到地震信号的傅氏谱 $\overline{W}(\omega)$(复数谱,含振幅谱和相位谱)。选择一系列中心频率为 ω_j 的窄带滤波器 $H(\omega - \omega_j)$ 对 $\overline{W}(\omega)$ 进行多重滤波。常常选用高斯滤波函数作为窄带数字滤波器:

$$H(\omega - \omega_j) = \exp\left[-\alpha_j \left(\frac{\omega - \omega_j}{\omega_j} \right)^2 \right] \qquad j = 1, \cdots, N \tag{4.65}$$

式中 α_j——控制频带相对宽度的参数。

再对每个窄带滤波的信号谱进行傅里叶逆变换,可得到各个频带的时间信号函数:

$$S(\omega_j, t) = \int_{-\infty}^{+\infty} \overline{W}(\nu) H(\nu - \omega_j) e^{i\nu t} d\nu \qquad j = 1, 2, \cdots, N \tag{4.66}$$

对一定的中心频率 ω_j,时间域的复数信号 $S(\omega_j, t_k)$ 的模 $|S(\omega_j, t_k)|$ 是窄频信号的包络线

（图 4.20），而其相位 $\varphi(\omega_j, t_k) = \arg S(\omega_j, t_k)$ 是第 j 个滤波器窄频输出信号的时间相位。
图 4.20 给出面波记录窄频滤波结果一例，（a）为南非一台站记到的马拉维（东南非洲）一个
5.5 级浅震（距离 1288km）的长周期垂直向记录，（b）为经周期为 10s 的窄频滤波后的时域波
形，包络线是由时域信号的实部与虚部计算出的模函数。

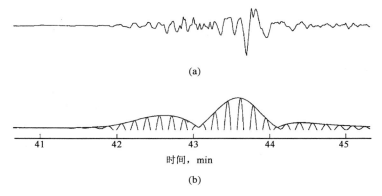

(a)

(b)

图 4.20　面波记录窄频滤波结果实例
（a）原信号；（b）窄频滤波结果

实际计算中需要存储两个矩阵：

$$|S(\omega_j, t_k)| \qquad j = 1, \cdots, N; \quad k = 1, \cdots, M$$
$$\varphi(\omega_j, t_k) \qquad j = 1, \cdots, N; \quad k = 1, \cdots, M$$

格点 (ω_j, t_k) 之间的数据通过插值得到，由二维数组 $|S(\omega_j, t_k)|$ 可计算出各格点的相对幅值的分
贝数 D_{jk}：

$$D_{jk} = 20 \lg \frac{|S(\omega_j, t_k)|}{\max_{j,k}|S(\omega_j, t_k)|} \qquad j = 1, \cdots, N; \qquad k = 1, \cdots, M$$

由二维数组 D_{jk} 作出的时—频图像，图像中与每个频率 ω_k（或周期）相应的 $|S(\omega_j, t_k)|$ 相对最大
幅值，可确定出与该窄频波群振幅包络线极值。相应的群速度走时为 τ_k，r 是震中距，则相应的群
速度 $U_k(\omega_j) = r/\tau_k$。由数组 $U_k(\omega_j)$ 可做出确定面波群速度频散曲线的面波时频分析结果图。
图 4.21 给出一例，左图灰度表示各频段波群的相对振幅大小，亮区等值线勾出了振幅极值区，中
间的黑方块表示波散曲线位置；右图是去除体波、高阶面波和噪声后的垂直向瑞利波。

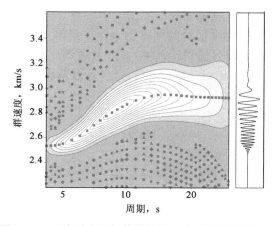

图 4.21　面波群速度频散曲线的面波时频分析结果图

2）相速度频散曲线的确定

常用双台法测量面波相速度。选择位于同一地球大圆弧上的两个震中距合适的台站。

按式（4.57），$t=t_1$ 时刻在 $x=x_1$ 处扰动的波数 k_r 实际出现的扰动的相位为

$$\varphi_1(k_r)=\omega_r t_1-k_r x_1\pm\frac{\pi}{4}$$

它与实际上未出现的地震记录图上波数为 k_r 的简谐波（图 4.19 细虚线）的相位差 $\pi/4$（图中的 A'）。如果同一波数 k_r 的扰动在 $t=t_2'$ 时刻出现在 $x=x_2$ 处，那么这个扰动的相位为

$$\varphi_2(k_r)=\omega_r t_2'-k_r x_2\pm\frac{\pi}{4}$$

自然，这个实际出现的扰动与未出现的、波数为 k_r 的简谐波（图 4.19 细虚线）的相位同样相差 $\pi/4$。由此可知相速度为

$$c(k_r)=\frac{\omega_r}{k_r}=\frac{x_2-x_1}{(t_2'-t_1)-(\varphi_2-\varphi_1)/\omega_r} \tag{4.67}$$

如果 (x_2,t_2') 的扰动如同图 4.19 所表示的那样不但与 (x_2,x_1) 的扰动周期相同，而且同样是波峰（或波谷，或零点，或其他相位差 2π 的整数倍的相位），即

$$\varphi_2-\varphi_1=2n\pi \qquad n=0,\pm1,\pm2,\cdots$$

则式（4.67）变为

$$c(k_r)=\frac{\omega_r}{k_r}=\frac{x_2-x_1}{t_2'-t_1-nT_r} \tag{4.68}$$

这里 n 是个待选常数，选择其值要使 $c(k_r)$ 相对于低频的数值处在合适的取值范围内。由式（4.68）确定了与一系列波数相应的相速度后，即可得到相速度频散曲线。

图 4.22 中显示了均匀半无限空间上覆盖一均匀盖层，上层速度低于下层波速的典型结构中瑞利波和勒夫波的理论频散曲线。群速度频散曲线上的极小值相对应的频率（或周期）点意味着该频率附近的简谐波群将几乎同时到达，从而在地震图上形成一个大振幅的震相，称为艾里相。在大陆地区，面波所对应的艾里相在周期约 20s 的地方，对超长周期的记录图，在周期约为 200s 附近还能发现一个艾里相。

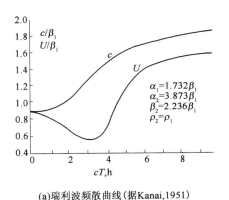

(a)瑞利波频散曲线（据Kanai,1951）　　　　(b)勒夫波频散曲线（据Stein et al.,2003）

图 4.22　均匀半无限空间上覆盖一均匀盖层，上层速度低于下层波速的典型结构中
瑞利波和勒夫波的理论频散曲线

地震学中，周期很长的瑞利型地幔波和勒夫型地幔波震相分别标记为 R 波和 G 波。G 波是以美国地震学家 B. Gutenberg 的名字命名的。大地震震源激发的 R 波和 G 波，沿短大圆弧

传播至台站的瑞利波和勒夫波震相记为 R_1 和 G_1，沿长大圆弧经震源对蹠点传至台站的 R 波和 G 波记为 R_2 和 G_2，绕整个地球一周后又沿短大圆弧传至台站的称 R_3 和 G_3，而绕一周后又沿长大圆弧传至台站的称 R_4 和 G_4，以此类推。路径及观测实例见图 4.23。

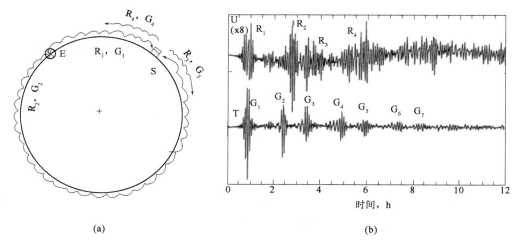

(a)   (b)

图 4.23　R 和 G 波图传播示意图(a)及观测实例(b)

值得注意的是，从震源沿相反方向大圆弧传至对蹠点的 R 波，相位相同，在对蹠点将发生各方向来的 R 波的汇聚和波的相长干涉，从而使对蹠点的 R 波很强；而从震源沿相反方向大圆弧传至对蹠点的 G 波(勒夫波)相位正好相反，在对蹠点上发生相消干涉，因此对蹠点的 G 波(在水平的切向分量)将相当弱。这些在实际观测中得到了证实。如图 4.24 所示为 LCO 台(智利中部，属 GSN 台网)记录的 2008 年 5 月 12 日四川省汶川 8.0 级地震的三分向地震图(震中距 174.45°)。

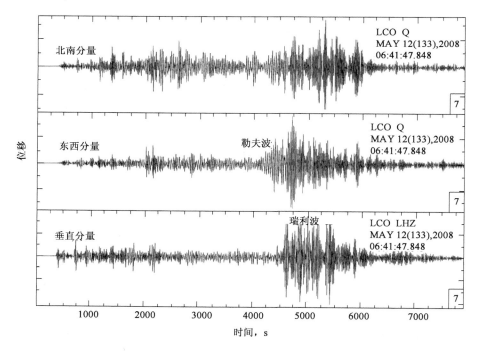

图 4.24　实际观测实例

4.5 地球的自由振荡

地球的自由振荡(the free oscillation of the Earth)研究是地震学的基本问题之一。就像钟受到敲击时会发生振荡一样,在发生一个大地震后,整个地球也会振荡起来,大地震产生的自由振荡可以延续到数周甚至数月之久。1998年科学家又发现,平时地球实际上是处在不停的微弱振荡之中。钟的振荡特征频率由钟的形状与内部物质结构共同决定,地球振荡的特征频率同样由地球的形状和内部物质结构共同决定。在地震波传播理论中,从源向外传播的P波、S波和面波都是行进波,故在任何时刻仅影响地球介质相对小的区域。而地球的自由振荡为整个地球的振荡,地球振荡的特征频率受地球形状、尺度(如半径)和地球内部物质结构的约束。因此研究地球自由振荡也是认识地球内部整体结构的重要途径之一。

4.5.1 一维问题

地球是个有界体,波的传播问题可以看成是简正振动方式的问题。下面用一维的两端固定的弦的振动理解其基本原理。

如图4.25所示,两端固定的弦,弦长为L,取弦的静止位置为x轴,用弦质元横向小位移$u(x,t)$表达的弦的运动方程为

$$\frac{\partial^2 u}{\partial t^2} = c^2 \frac{\partial^2 u}{\partial x^2}$$

对简谐运动,有

$$u(x,t) = y(x)e^{i\omega t} \tag{4.69}$$

代入运动方程,得

$$y'' + k^2 y' = 0 \qquad k^2 = \rho\omega^2/E \tag{4.70}$$

解得

$$y = A\cos kx + B\sin kx \tag{4.71}$$

两端固定的边界条件为

$$u(0,t) = u(L,t) = 0 \tag{4.72}$$

将式(4.71)代入式(4.72),则满足边界条件(4.71)的解为

$$\begin{cases} Ae^{i\omega t} = 0 \\ \left[A\cos(kL) + B\sin(kL) \right]e^{i\omega t} = 0 \end{cases} \tag{4.73}$$

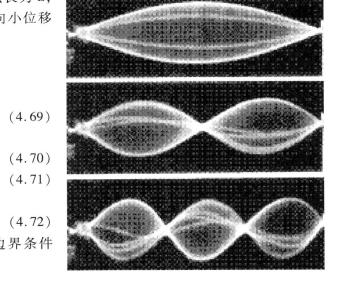

图4.25 一维两端固定的弦的振动

要满足式(4.73),振动的频率只能取下列特殊值:

$$\omega_n = \frac{n\pi c}{L} \qquad n = 1,2,3,\cdots \tag{4.74}$$

这里n是指x方向的节点数。可见,扰动的弦中只存在由弦的长度与弦的波速共同决定的一系列离散频率的振动,这些频率称为该振动系统的本征频率。最低本征频率ω_1所对应的波称为基阶振动,ω_1称为基频(角频率)。方程(4.74)要求$L = n\lambda/2$,即当弦上产生驻波时,弦长L为半波长的正整数倍。通过对振动系统本征频率的观测记录,可以推断弦长、波速等振动系统的有关参数。

本征函数为

$$y_n = B_n \sin(n\pi x/L) \tag{4.75}$$

弦自由振动的叠加总波场为

$$u(x,t) = \sum_{n=1}^{\infty} B_n \sin(n\pi x/L) \cos(\omega_n t) \tag{4.76}$$

可见在任一确定时刻,弦上驻波的振动,其振幅都显示出正弦函数式的分布。

4.5.2 二维和三维问题

同理,一维问题很容易推广到二维和三维问题。

均匀的二维的矩形膜的自由振荡的本征函数可以写成

$$y_n^m = A\sin(m\pi x/L_x)\sin(n\pi y/L_y) \tag{4.77}$$

式中 m、n——x 方向和 y 方向的节点数,如图 4.26 所示。

对三维的弹性矩形体,本征函数为

$$_n y_l^m = A\cos(l\pi x/L_x)\cos(m\pi y/L_y)\cos(n\pi z/L_z) \tag{4.78}$$

式中 l、m、n——在 x、y 和 z 方向的节点数。

地球的自由振荡可以看成是弹性球体的自由振荡,为方便起见,利用球坐标系 (r,θ,φ),其中 r、θ 和 φ 分别表示径向、纬向和经向的坐标,如图 4.27 所示,原点在球心,S 为激发振荡的源点,P 为观测点。

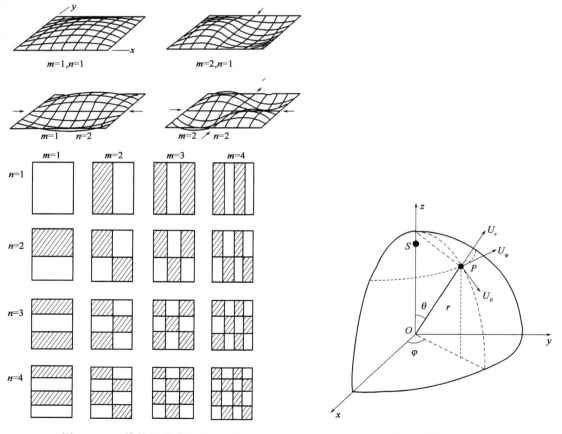

图 4.26　二维的矩形膜的自由振荡　　　　图 4.27　三维球体的自由振荡

对横向均匀的球体,本征函数可以写为

$$_n y_l^m = A R_n(r) \Theta_l(\theta) \Phi_m(\varphi) \tag{4.79}$$

其中,A 与震源有关;$R_n(r)$ 是贝塞尔函数;$\Theta_l(\theta)$ 是勒让德函数;$\Phi_m(\varphi)$ 是三角函数;l、m 和 n 分别表示在 θ 方向(纬向方向)、φ 方向(经向方向)和 r 方向(径向方向)的节点数,其本征频率写为 $_n\omega_l^m$,它取决于三个整数 l、m 和 n,如果地球自转可以不计,对球对称的稳态地球模型,本征频率与 m 无关,因此只需要 l、n 两个整数就可以确定振型。与本征频率相应的振动称为本征振荡,每一种本征振荡对应一种驻波,是球体的一种谐振形式。理论上,地球的谐振振型有无穷多个,实际的振动就是这无穷多个振型叠加的总结果。

对一维物体,只要一个整数即可确定自由振荡的振型;二维物体需要两个整数才能确定振型;像地球这样的三维物体,则需要三个整数 l、m 和 n 才能确定振型。

人类对地球自由振荡的认识是从理论研究开始的。1829 年法国泊松(S. D. Poisson)最早研究了完全弹性固体球的振动问题。在 20 世纪,地震学的发展使人类对地球内部构造的认识更加清楚以后,理论模式才比较接近真实地球。1952 年 11 月 4 日堪察加大地震时,美国贝尼奥夫(H. Benioff)首次在他自己设计制作的应变地震仪上发现周期约为 57min 的长周期振动。1960 年 5 月 22 日智利大地震时,贝尼奥夫和其他几个研究集体都观测到多种频率的谐振振型。地球长周期自由振荡的真实性遂被最后证实。

地球自由振荡的发现以及用它研究地球内部构造和震源机制,是 20 世纪 60 年代初期地球物理学界的一件大事。地球自由振荡可以看成是由许多独立的谐和运动即所谓"振型"的叠加。不同振型的频率取决于地球内部的结构,与震源条件无关,而每个特定频率的能量则与震源条件以及介质的特性有关。

地球自由振荡的理论是在适当的定解条件下求解确定地球振动的微分方程组,通常是在以地心为原点的球坐标系中用驻波法求解。振荡的位移分为两部分:球形振荡(S 振型,spheroidal ossilation)和环形振荡(T 振型,torsional ossilation 或 Toroidal ossilation),分别用 $_n S_l^m$ 和 $_n T_l^m$ 表示。S 振型的性质类似于瑞利面波,其质点的位移既有半径方向的分量,也有水平分量,是一种无旋转的振动。T 振型的性质类似于勒夫波,各质点只在以地心为球心的同心球面上振动,位移无径向分量,地球介质只产生剪切形变,无体积变化。在重力仪和垂向长周期地震仪的记录中,由于它们只反映沿径向的位移,所以只能记录到 S 振型,不能记录 T 振型。水平地震仪和应变地震仪可以同时记录 S 振型和 T 振型。至今已经观察到的本征频率已达 1000 多个,其中 S 振型约占三分之二,T 振型占三分之一。图 4.26 和图 4.27 及表 4.1 为观测到的部分 S 振型和 T 振型的本征频率。

表 4.1　已观察到的部分 S 振型和 T 振型的本征频率

S 振型	T,s	S 振型	T,s
$_0 S_0$	1227.52	$_0 S_{150}$	66.90
$_0 S_2$	3233.25	$_1 S_2$	1470.85
$_0 S_{15}$	426.15	$_1 S_{10}$	465.46
$_0 S_{30}$	262.09	$_2 T_{10}$	415.92
$_0 S_{45}$	193.91	$_0 T_2$	2636.38
$_0 S_{60}$	153.24	$_0 T_{10}$	618.97

S 振型	T, s	S 振型	T, s
$_0T_{20}$	360.03	$_0T_{60}$	139.46
$_0T_{30}$	257.76	$_1T_2$	756.57
$_0T_{40}$	200.95	$_1T_{10}$	381.65
$_0T_{50}$	164.70	$_2T_{40}$	123.56

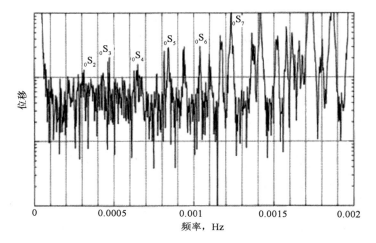

图 4.28　自由振荡观测实例之一

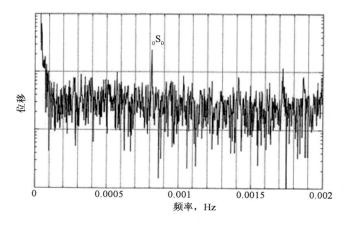

图 4.29　自由振荡观测实例之二

径向非均匀地球模型的自由振荡变形如图 4.30 所示,对环形振荡,$_nT_1$ 表示整个地球的旋转,$_nT_2$ 表示在赤道上有一条位移节线,则两个半球的振荡反相,在图示的瞬间,北半球向东扭转,南半球向西扭转;半周期之后,则北半球向西旋转,南半球向东旋转。在高谐振荡中,扭转方向的变换随数 l 的增大而增加。对 S 振型模式,$_0S_0$ 表示整个地球的膨胀与收缩,$_0S_1$ 表示有一个平行于纬度的节面,$_0S_2$ 有两个平行于纬度的节面,球面形变分为三带,在图示的瞬间,赤道附近的部分在膨胀,两极的部分在收缩;半周期后,赤道附近的部分在收缩,两极的部分在膨胀,地表由横偏向转和纵偏向转交替变形,$_0S_3$、$_0S_4$ 等均为带状形变。

同时需要注意的是,对于地球的振荡模式,起作用的极是震中而不是地球的南北极,因而,

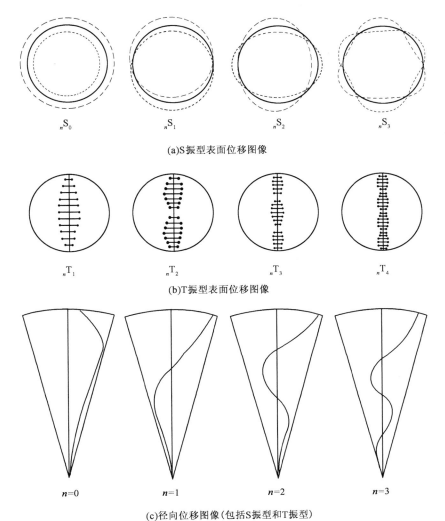

(a)S振型表面位移图像

(b)T振型表面位移图像

(c)径向位移图像(包括S振型和T振型)

图 4.30　径向非均匀地球模型的自由振荡变形

每次地震的振荡的极都是不同的。再者,有些振荡方式在物理意义上考虑是不可能的。例如,如图 4.31 所示,$_0S_1$ 表示整个球体像刚体一样平动,这和假定没有受到除自身的重力以外的外力作用是相矛盾的;$_0T_1$ 表示的是整个球像刚体一样地绕极轴旋转,这意味着整个地球的自转速率要发生变化,和角动量守恒的假定也是相矛盾的。

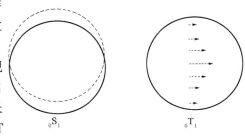

图 4.31　不可能发生的振荡

$_0S_1$ 表示整个球体像刚体一样平动;

$_0T_1$ 表示的是整个球像刚体一样地绕极轴旋转

自由振荡可以由行波互相干涉时产生驻波的现象来推想,与此相仿,一个行波也可用不同振型的自由振荡来模拟。因此,地球自由振荡可以看成是长周期面波的推广,S 振型相当于瑞利面波的推广,T 振型相当于勒夫波的推广。长周期地震仪可以记录数百秒以内的面波,而数百秒至 1h 左右的周期则用地球振荡的数据来补充。

计算不同地球模式产生的自由振荡频率，并与观测自由振荡的本征频率对比，可以检验并改善地球模型，从而研究地球内部的结构，与用地震体波研究地球内部结构的方法互为补充。近期理论研究所用地球模型逐渐接近真实地球，已给出了旋转的、各向异性的、含非弹性性质和不均匀横向结构的非球形地球模型自由振荡的解。

4.5.3 均匀液体球的自由振荡

现在分析最简单的球体振荡模型——均匀球体的自由振荡。

设一半径为 R_0 的均匀、可压缩的液体球，体压缩模量和密度分表为 k、ρ，且此球体没有体力作用。考虑相对于平衡压强场的微小压强扰动 p 引起的振荡。

此情况下，应力 $\sigma_{ij} = -p\delta_{ij}$，运动方程（第 2 章矢量运动方程）可写成

$$\rho \frac{\partial^2 \boldsymbol{u}}{\partial t^2} = -\nabla p \tag{4.80}$$

由胡克定律得

$$p = -k \nabla \cdot \boldsymbol{u} \tag{4.81}$$

对式（4.80）作散度运算，将式（4.81）代入式（4.80），且 k、ρ 为常数，因而有

$$\frac{\partial^2 p}{\partial t^2} = c^2 \nabla^2 p \tag{4.82}$$

其中

$$c^2 = k/\rho$$

选择如图 4.27 所示的球极坐标系 (r, θ, φ)，用球极坐标系研究大地震激发的实际地球的自由振荡时，通常取 $\theta = 0$ 的 z 轴通过震源 S，此 z 轴并不是地球的南、北极。

本节仅讨论液体球稳态自由振荡，不涉及有源激发问题。

用球极坐标表示的均匀稳态液体球的波动方程为

$$\frac{1}{r^2} \frac{\partial}{\partial r}\left(r^2 \frac{\partial p}{\partial r}\right) + \frac{1}{r^2 \sin\theta} \frac{\partial}{\partial \theta}\left(\sin\theta \frac{\partial p}{\partial \theta}\right) + \frac{1}{r^2 \sin^2\theta} \frac{\partial^2 p}{\partial \varphi^2} = \frac{1}{c^2} \frac{\partial^2 p}{\partial t^2} \tag{4.83}$$

利用分离变量法，令

$$p(r, \theta, \varphi, t) = R(r)\Theta(\theta)\Phi(\varphi)T(t) \tag{4.84}$$

对时间函数 $T(t)$，标准解的形式为

$$T(t) = \mathrm{e}^{-\mathrm{i}\omega t} \tag{4.85}$$

将式（4.84）代入式（4.83），得

$$\frac{\mathrm{d}^2 \Phi}{\mathrm{d}\varphi^2} + m^2 \Phi = 0 \tag{4.86}$$

$$\frac{\mathrm{d}}{\mathrm{d}r}\left(r^2 \frac{\mathrm{d}R}{\mathrm{d}r}\right) + \left[\frac{\omega^2 r^2}{c^2} - l(l+1)\right]R = 0 \tag{4.87}$$

$$\frac{\mathrm{d}}{\mathrm{d}\theta}\left(\sin\theta \frac{\partial \Theta}{\partial \theta}\right) - \left[\frac{m^2}{\sin^2\theta} - l(l+1)\right]\sin\theta \cdot \Theta = 0 \tag{4.88}$$

这里引入常数 m^2 和 $l(l+1)$。

方程（4.86）的解为

$$\mathrm{e}^{\mathrm{i}m\varphi} = \cos m\varphi + \mathrm{i}\sin m\varphi \tag{4.89}$$

这里 m 是整数。

方程（4.87）称为 l 阶球贝塞尔方程，方程中包含角频率 ω，与 m 无关，因此均匀稳态液态球的 ω 与 m 无关，但依赖于常数 l。贝塞尔方程的解是 l 阶球贝塞尔的形式：

$$\mathrm{j}_l(x) = x^l \left(\frac{-1}{x} \frac{\mathrm{d}}{\mathrm{d}x}\right)^l \frac{\sin x}{x} \tag{4.90}$$

其中，$x = \omega r/c$。当 $l = 0$ 时，$\mathrm{j}_0(x) = \dfrac{\sin x}{x}$，$R(r) \propto$ $\dfrac{\sin \omega r/c}{r}$，即 $R(r)$ 的振幅是衰减的正弦振荡的形式。

图 4.30 为前三阶贝塞尔函数 $\mathrm{j}_l(x)$ 的变化情况。

方程(4.88)也是地震学中一个著名的方程，称为缔合勒让德方程，当 $m = 0$ 时，令 $x = \cos\theta$，其解通常形式为

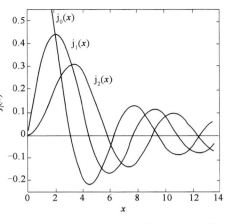

图 4.32 前三阶贝塞尔函数 $\mathrm{j}_l(x)$ 的变化

$$\Theta(\theta) = \mathrm{P}_l(\cos\theta) = \mathrm{P}_l(x) \tag{4.91}$$

$$\mathrm{P}_l(x) = \left(\frac{1}{2^l l!}\frac{\mathrm{d}^l}{\mathrm{d}x^l}\right)(x^2-1)^l \tag{4.92}$$

式中　$\mathrm{P}_l(x)$——勒让德多项式。

当 $l = 0,1,2$ 时，$\mathrm{P}_0(x) = 1$，$\mathrm{P}_1(x) = x$，$\mathrm{P}_2(x) = \dfrac{1}{2}(3x^2-1)$。

当时 $m \neq 0$，缔合勒让德方程函数为 $\mathrm{P}_l^m(x)$，即

$$\mathrm{P}_l^m(x) = (1-x^2)^{m/2}\frac{\mathrm{d}^m \mathrm{P}_l(x)}{\mathrm{d}x^m} = \frac{(1-x^2)^{m/2}}{2^l l!}\frac{\mathrm{d}^{l+m}}{\mathrm{d}x^{l+m}}(x^2-1)^l \tag{4.93}$$

这里，$-l \leqslant m \leqslant l$。众多数学书中有描述了该函数的特性，在此不再赘述。

$\Theta(\theta)\Phi(\varphi) = \mathrm{P}_l^m(\cos\theta)\mathrm{e}^{\mathrm{i}m\varphi}$ 称为 l 阶球函数方程。地震学中最常见的标准的球函数(或球面调和函数)的形式为

$$\mathrm{Y}_l^m(\theta,\varphi) = (-1)^m\left[\frac{(2l+1)}{4\pi}\frac{(1-m)!}{(1+m)!}\right]^{1/2}\mathrm{P}_l^m(\cos\theta)\mathrm{e}^{\mathrm{i}m\varphi} \tag{4.94}$$

将式(4.86)、式(4.87)、式(4.88)的解和式(4.85)代入式(4.84)，得

$$\mathrm{P}(r,\theta,\varphi,t) = A\mathrm{e}^{-\mathrm{i}\omega t}\mathrm{j}_l\left(\frac{\omega r}{c}\right)(-1)^m\left[\frac{2l+1}{4\pi}\frac{(1-m)!}{(l+m)!}\right]^{1/2}\mathrm{P}_l^m(\cos\theta)\mathrm{e}^{\mathrm{i}m\varphi} \tag{4.95}$$

根据力为零的球体自由边界条件，即

$$\mathrm{P}(R_0,\theta,\varphi,t) = 0 \tag{4.96}$$

将式(4.95)代入式(4.96)，得

$$\mathrm{j}_l\left(\frac{\omega R_0}{c}\right) = 0 \tag{4.97}$$

当取 $l = 0$ 时，有 $\qquad \mathrm{j}_l\left(\dfrac{\omega R_0}{c}\right) = \dfrac{\sin(\omega R_0/c)}{\omega R_0/c} = 0$

于是振动频率 ω 只能取以下特定值：

$$_n\omega_0 = \frac{n\pi c}{R_0}, n = 1,2,3,\cdots \tag{4.98}$$

这里 $_n\omega_0$ 的下标分别表示 n 和 l 索取所取的数值。

式(4.82)的解即压强函数 p 是依赖于 l、m、n 三个整数参数的一个特解，这种特解有无穷多个，记为

$\qquad _n\mathrm{P}_l^m(r,\theta,\varphi,t) \qquad n = 1,2,\cdots;l = 1,2,\cdots;m = \pm 1,\pm 2,\cdots,\pm l$

对每个特解，角频率只能取特定的离散值：

$\qquad _n\omega_l^m(r,\theta,\varphi,t) \qquad n = 1,2,\cdots;l = 1,2,\cdots;m = \pm 1,\pm 2,\cdots,\pm l$

称为均匀液态球自由振荡的本征频率,其值取决于 3 个整数 l、m、n。与本征频率对应的振动称为本征振荡,每一个振荡都对应一种驻波。

思 考 题

1. 推导频散波群速度、相速度、波长、频率和周期之间的关系:

(1)$U = c - \lambda \dfrac{dc}{d\lambda}$;(2)$U = c^2 \dfrac{dT}{d\lambda}$;(3)$U = -\lambda^2 \dfrac{df}{d\lambda}$。

2. 证明第 n 阶阵型的勒夫波截止频率为 $\omega_n = \dfrac{n\pi\beta_1}{H} \bigg/ (1 - \beta_1^2/\beta_2^2)^{1/2}$。其中,$\beta_1$ 为层内横波速度,β_2 为半空间横波速度,H 为层厚度。计算 $\beta_1 = 3.5\,\mathrm{km/s}$、$\beta_2 = 4.5\,\mathrm{km/s}$、$H = 35\,\mathrm{km}$ 的大陆地壳的第一阶阵型的截止频率。

3. 简述两种自由振荡模式的位移特征。画出 $_0S_0$、$_0S_2$、$_0S_3$、$_0S_4$ 和 $_0T_2$、$_0T_3$ 的节线和位移的图案。

5　震相和地震基本参数的测定

　　地球内部结构的研究,是地球物理学研究的基本任务之一;利用地震波研究地球内部结构,又是众多地球物理手段中最为常用的方法之一。在利用地震学研究地球内部结构的过程中,对于基础波形中震相的识别及地震震源参数反演是基础工作。

　　基于此,本章主要介绍地震学研究过程中的上述两个基本内容:(1)震相分析,主要介绍震相的基本概念、识别震相的准则及震相命名规则,并详细介绍地球内部与重要间断面相关的主要震相;(2)地震基本参数测定的方法,给出地震参数的基础概念,并重点介绍计算地震震源参数的方法,让学生掌握常规的反演方法和反演思路。

　　地球内部结构反演和地震震源参数获取,是地震学研究的重要分支,两者关系极为紧密。震源研究中地震孕震过程、有限断层解、地震震源机制球、震后库伦应力及余震分布等研究,对后续地球深部构造研究结果的影响较为明显。同时,地球内部结构的研究,有助于获得地球内部的精细速度分布,制约着地震震源参数反演精度。

5.1　震　相

　　具有不同振动特征(如 P 波、S 波)和不同传播路径(如直达波和反射波)的地震波在地震图上的特定标志称为震相,或称为各类波在地震图上的到时,这里有时是指波的初动,有时指波列中振幅的极大值。

　　就波的振动特性来说,有体波震相(指初动)、面波震相(指极大);就震中距来说,有远震震相、近震震相;就震源深度来说,有浅震震相和深震震相等区分。为研究方便,一般把震相的时距关系特征称为运动学特征,而把它们的振幅、相位、周期称为动力学特征。

5.1.1　从地震图上读取震相到时的一般原则和方法

　　地震图实际是一系列传播时间不同的各震相的子波列的叠加,因此地震图上波形相位、周期或振幅的突然变化点是判断新震相子波列到达的主要依据。一个新震相的到达可能具有下列部分或全部特征:

　　(1)一组振动的起始点或具有相位突变的地方;

　　(2)振幅显著变大的地方;

　　(3)地震波周期显著变化且存在相位的变化。

　　我们回到基本问题上:已知地震的波形记录图,究竟如何推断它们透射过的或从其反射的构造?

　　(1)由记录波形来推断有效地震信号。

　　识别震相的主要依据是地震图上波的振幅、相位变化和周期的差别。

　　①对于近震,根据近震的到时差与 P 波到时呈线性关系的原理(和达图),在和达图上偏离此直线关系的震相到时即是错认的震相,此为识别 P 波的有效方法。

　　②对于较远的地震,可用面波的最大振幅与初至 P 波的到时差(表 5.1)来粗略估计震中距,再配合波的形态分析。一旦确定了 P 波、S 波震相($\Delta < 150°$),其他震相可依据远震走时

表 J – B 曲线来识别和判断(图 5.1)。

表 5.1　面波的最大振幅与初至波 P 波的到时差

到时差 min	16	24	32	42	51	61	71.5	(95)
Δ,(°)	40	60	80	100	120	140	160	180

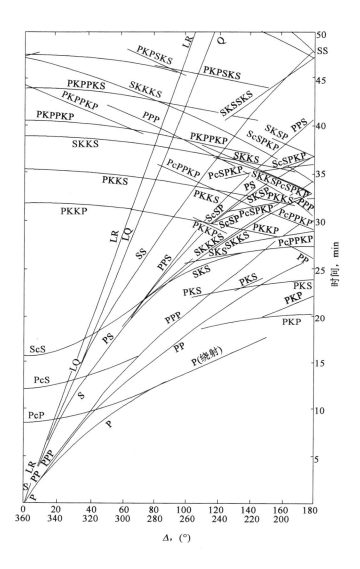

图 5.1　远震走时表 J – B 曲线

$h=0$ 时的 J – B 走时曲线图是最著名的全球平均地震走时表,由杰出的地震学家杰弗里斯爵士(H. Jeffreys)

及其学生布伦(Bullen)制定,地震学界一直用它做标准确定实测地震波和标准模型的偏差

波的某些动力学特征也可以作为识别远震震相的重要标志,如 P 波垂直分量强,S 波水平分量强,PP 在垂直向发育,PS 在水平向发育,等等。

③深远地震的识别标志是寻找深震特有的震相 pP、sS 等。

(2)由地震波的走时来推断有效地震信号。

要做到这一点,首先要了解地震波传播不同距离经历的时间。

若知道震源和发震时间，根据地震图上的时标，确定从震源传到地震台所经过的时间（即走时），标绘出 $t(\Delta)$ 即走时作为距离的函数；把已知的许多地震波的时距关系点在图上时，得到许多个零散的点，并渐渐显现出平均曲线，即走时曲线；利用这一结果可以从世界各地许多地震台记录的新发生的地震的 P 波和 S 波的到时确定震中位置。这些改进的震源位置可用于进一步改进走时表，改进的走时表反过来可以更准确地确定震中位置，如此继续下去。

走时表研究现状：目前主要精力用于确定世界不同地区走时曲线存在的个别显著差异，这些差异反映了地球内部物理性质与球对称模型的偏离，这些偏离非常重要。例如，波通过俯冲带传播时 P 波和 S 波走时都可与走时表值差 5s 或更多。

走时表是识别震相、研究地球内部地震波传播速度及测定地震基本参数的重要工具。可以说地震波运动学特性的研究是以走时表为基础的。远震使用 J-B 表，近震使用区域性的走时表。区域性走时表反映一个地区的地壳构造特征。

地震学历史探测工作中最辉煌的成就之一是英国地质学家奥尔德姆发现地球的液态核。德国的地震学家古登堡比奥尔德姆拥有更大量的地震记录，他于 1914 年首次给出地核深度为 2900km 的相当精确的估计。现代对地核深度的估计与这一数值仅几千米的误差。在走时表外推到 105° 以外距离时，在预期的时间也观察不到 S 波。现在可以肯定地核的外层是流体。丹麦地震学家英格·莱曼应用地震波探索地球构造，发现在外核之内有一个月亮大小的内核。

地震学家通过识别地震记录图中的微弱抖动来辨认地震波的突然到达并解释波形。特别对于远震记录，震相种类多而复杂，这需要很高的波形识别技巧才能辨认出在地球内部传播的不同路径的 P 波和 S 波。

记录到每个主要震相抵达的时间后，分析人员按照它们形态及路径识别每个震相，并给它们标上标准的符号。例如，初至波是一个简单的 P 波，初始的剪切波是一个简单的 S 波；其他波标上不同的符号（图 5.2），如 PP、SS、PPS、PcP 等，它们表示波的近似路程并且告诉它们在传播期间是否曾经被界面（或地面）反射过，整个过程十分像密码专家破译一个密码。为了研究神秘的地震波，有经验的地震学家必须对每个地震记录进行详尽的调查。

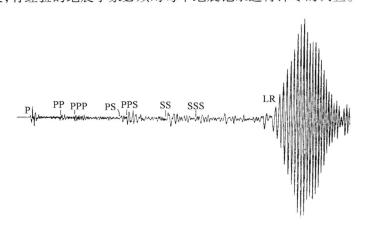

图 5.2 1983 年 4 月 3 日哥斯达黎加地震在德国贝尔恩台记录的运动垂直分量记录

图 5.3 是美国哈佛大学记录到的秘鲁深震产生的宽频带地震记录，上面是切向分量记录，下面是垂直分量记录。图中已标出 P 波、S 波、瑞利面波和勒夫面波，标出的震相有 A(pP)、B(SS)、C(sS)、D(ScS)、E(sScS)，此外还包括地表和地核多次反射波和频散面波。

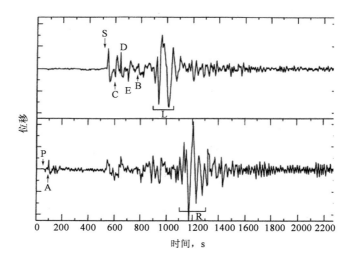

图5.3 秘鲁深震产生的宽频带地震记录

5.1.2 各类震相及其标记规则

5.1.2.1 近震(Δ < 10°)及其标记规则

一般将震中距小于 1000km 或 10° 的地震称为近震或区域地震(regional event),其中小于

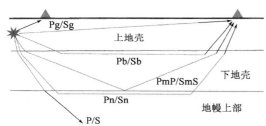

图5.4 近震震相的射线轨迹示意图

100km 的地震称为地方震(local event)。图 5.4 为常见近震震相的射线轨迹示意图,近震地震波限定在地壳内或沿莫霍面下的上地幔顶部传播。所记录的主要震相有直达 P 波(即 Pg)、直达 S 波(即 Sg)、P 波在莫霍面上的反射 P 波(即 PmP)、S 波在莫霍面上的反射 S 波(即 SmS)、沿莫霍面下的上地幔顶部传播的折射波(称为首波,记为 Pn 和 Sn)。有些地区的地壳内还有一个上地壳与下

地壳的分界面,称为康拉德界面,对有此界面的双层地壳,还可能记录到来自康拉德面的折射波震相,记为 Pb、Sb(图 5.5)。康拉德面上的反射波震相记录少见,无统一标记。

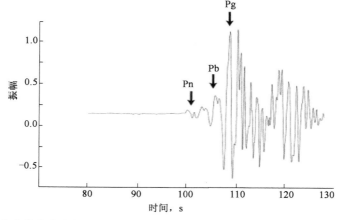

图5.5 北京大学在青海架设的宽频带地震仪记录到震中距为 627km 的地震的垂向振动

震中距 Δ < 1°的地震称为地方震,主要震相为直达波和反射波,分不出面波。

5.1.2.2 远震及其标记规则

在远震范围内(Δ > 10°),地表面的曲率已不能忽略,远震射线穿透到地球内部深处,传播的路程长,穿透深度深,地震波复杂(形成各种反射波、折射波及其转化波等)。各类震相的传播路径如图5.6所示。通常,按照波的传播路径对远震震相进行分类。

1)直达波(P波、S波)

直达波指从震源发出经过地幔到达地震台的纵波和横波,也称地幔折射波。如图5.7所示,直到103°~105°都有P波、S波出现,直达P波、S波是远震记录图上的突出体波震相;当震中距等于103°时,记录到地幔折射波与核幔边界(古登堡面)相切的P波、S波,这是地幔折射波的最后一条射线,以后地幔折射波消失;当震中距大于103°时,取而代之的是衍射波、地核穿透波等。地震学中一个著名的衍射波震相是 P_{diff},它出现在震中距103°~120°之间,在下地幔与外核间的由高速向低速突变的速度间断面(称为古登堡面)所对应的P波影区。实际地震波的传播偏离几何射线理论预示的传播路径,遇到障碍体(波阻抗极高的物体)时传播至障碍体的几何影区内的现象,称为地震波的衍射。

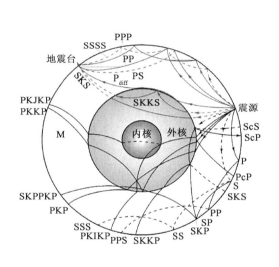

图5.6 远震、极远震震相传播路径示意图

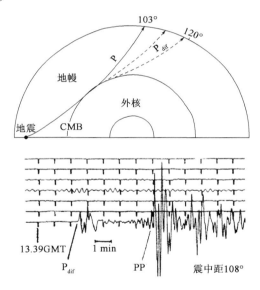

图5.7 外核P波低速层引起的衍射P波的
传播路径及观测实例

1968年5月28日新几内亚7.7级地震在
瑞典乌菩萨那台的垂直向记录

P波深入核幔边界上,由于核幔分界面底部的P波速度突降很多,使得P波发生衍射,此时P波贴在核幔边界上滑行,能量极弱。根据射线理论,低速层或这类速度间断面在地面上将存在相应的地震射线影区,影区内是不会有相应的震相能量射出的。而实际观测中,地震影区中我们仍能记录到这种射线理论预测不可能出现的震相,但这种震相能量一般较弱。

2)地表反射波PP、PPP和转换波PS、PSP

地表反射波是由震源发出到达地表反射后经地幔达到接收点的波(图5.8)。根据反射定律,无论纵波还是横波,经地表反射后均可产生同类反射波及反射转换波。地表反射波:直达

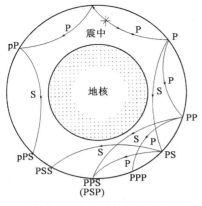

图 5.8　地表反射转化波示意图

波到达地面,反射一次同类波用 PP、SS 表示,反射二次同类波用 PPP、SSS 表示;反射转换波用 PS(图 5.9)、PPS、SSP 表示。例如,PPS 震相中,第一个符号表示原始的波性,第二个符号表示经地表反射一次的波性,第三个符号表示经地表反射两次的波性。

地表反射波往往振幅大而周期较长,特别是对于强烈地震尤为突出。如在震中距 $\Delta = 120°$ 附近,PP、PS 的强烈程度往往使人误认为是 P、S,这样错误的分析结果是使震中距减小。SS、SSS 是长周期、大振幅的振动,出现在 S 波和面波之间,有时使人误认为是面波(图 5.10)。

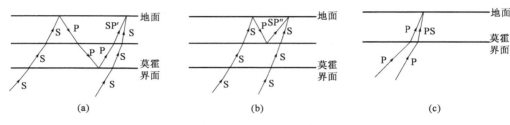

(a)　　　　　　　　　(b)　　　　　　　　　(c)

图 5.9　研究地壳构造的地壳底面反射波及反射转换波

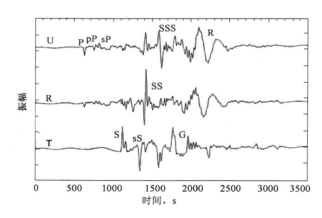

图 5.10　地震记录实例

3)核面反射波

核面反射波是指经地核表面反射后到达接收点的波。经外核界面反射的波表为 PcP、ScS、PcS 和 ScP。小写字母"c"表示经过核面反射的波,"c"前面的字母表示入射核面的波性,后面的字母表示经核面反射后的波性。例如,PcS 表示 P 波入射核面,经核面反射后转换成 S 波。

4)地核穿透波

地核分为外核和内核。穿过外核而出射地表的波称为外核穿透波;经过内核而出射地表的波称内核穿透波。

如图 5.11 所示,通过地球外核的波为 PKP、SKS、PKS 等。K 表示波的传播经过外核。外核界面的里侧反射一次用 PKKP 表示,反射两次用 PKKKP 或 P3KP 表示。地核穿透转换波用

PKS、SKP、SKKP、SKKKP 表示;地核反射穿透波用
PcPPKP、ScSSKS 等表示。

　　注意:由于外核是液态的,因而,无论是 S 波入射
还是 P 波入射,在外核只产生纵波(K),也就是说,没
有与 K 波相应的 S 波,故由外核折射出的 S 波仅包含
SV 分量,而不含 SH 分量。

　　经内核折射的纵波用 PKIKP 表示,其中 I 表示波
在内核以纵波传播。PKJKP 为通过内核折射的横波,
其中 J 表示波在内核以横波传播,确认这种 S 波,可以
证明内核是固态的;当认为外核和内核的分界为过渡
层时,则还有经此过渡层界面外侧反射的纵波 PKiKP、
经此过渡层折射的纵波 PKHKP。这都是研究地核的
重要震相。

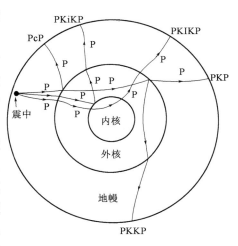

图 5.11　核面反射波或地核穿透波示意图

　　5)震中附近的地表反射波

　　震源深度 $h > 60km$ 的地震称为深源地震或深震。深震反射波的最初反射点往往在震中
附近,称这类波为震中附近地表反射波,也称深震地震波。

　　深震震相 pP、pPP、sS、sSS、sP、sPKP、sSKS、sPcP、sScS 等。小写字母表示在地表反射之前
的波性,大写字母表示在地表反射之后的波性,反射前的射线长度往往比反射后的射线长度小
(图 5.12)。这类震相的图像往往比较清晰,图形尖锐。面波与 P 波振幅之比值比浅震小得
多,对很深的地震,无面波出现。

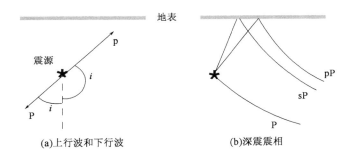

图 5.12　震中附近反射波路径示意图

　　pP、sS、sP 这类震相是测定震源深度的主要依据。pP、sS、sP 到时与 P 波或 S 波的到时差
随深度的改变远比随距离的改变大。例如,当震源深度改变 100km 时,pP - P 改变可达 20s,
而当震中距改变 10°时,pP - P 只改变 1~2s。

　　6)面波震相

　　远震记录上经常记录到的面波是瑞利面波(LR,long Rayleigh waves)和勒夫面波(LQ,
long Querwellen waves),它们出现在体波群后面,只要震源不太深,面波呈现出大振幅长周期
的较规则的正弦信号波形。

　　图 5.13 中,规则面波、勒夫波在 S 波之后或与 S 波同时到达,瑞利波在勒夫波之后到达。
图 5.14 为长周期记录,可以看到海洋路径规则的面波特征。

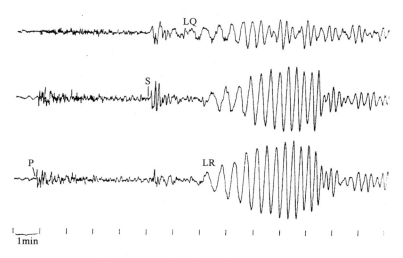

图 5.13　面波地震记录实例（$\Delta = 23°$）

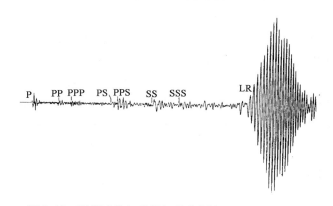

图 5.14　哥斯达黎加地震记录实例（$\Delta = 86°, h = 44\text{km}$）

　　通常，$\Delta > 10°$ 的地震称为远震。远震记录到的波包括地幔折射波、地表反射波及转换波、核面反射及转换波、地核穿透波和面波等，远震初至震相为地幔折射波 P。远震地震波的传播路径越长，振动持续时间也越长。远震的振动持续时间为几分钟至几小时。浅源远震的面波极其发育。$10° < \Delta < 16°$ 这段出现的波有地幔折射波、短周期面波等。但由于地震射线在该段传播时受到上地幔低速层的影响，产生 P 波、S 波的"影区"，所以该段记录最好的波是短周期面波 Lg_1、Lg_2。$16° < \Delta < 30°$ 段出现的地震波主要有地幔折射波、地表反射波及转换波、面波（勒夫波和瑞利波），波的达到顺序为 P、PP、PS、S、SS、LQ、LR 等。当震中距在 20° 以后，受上地幔高速层的影响，走时曲线出现回折，即在同一震中距能同时观测到几个折射波，它们的到时差很小，干扰了 P 波、S 波震相的识别，尤其 S 波不易识别，这种现象一般延续到 28° 左右。所有远震波在 $30° < \Delta < 105°$ 段都由体现，波的到达顺序随震中距的不同而有所变化，通常识别的主要震相为 P、S、PP、PPP、PS、SS、SSS、PcP、ScS、PcS、SKS、PcPPcP、LQ、LR 等。

　　$\Delta > 105°$ 的地震称为极远震。极远震初至波分别为衍射波、内核穿透波和外核穿透波等。极远震的震相也较丰富，通常识别的震相主要有 P_{diff}、PKIKP、PKP_1、PKP_2、PP、PPP、PKS、SS、SSS、SKS、SKKS、S3KS 等。$105° < \Delta < 110°$ 是受核幔分界面影响最严重的区域，震相极少且不易识别，突出的震相为 P_{diff}、PP、PPP、SKS、LQ、LR 等。$110° < \Delta < 142°$ 段仍然处于核幔分界面

的"影区"内，主要震相为 P_{diff}、PKIKP、SPKIKP、PKHKP、PP、PPP、PKS、SKS、SKKs、S3KS、SS、SSS、LQ、LR 等。$142° < \Delta < 180°$ 主要识别的震相有 PKP_1、PKP_2、SKS、PP、PPP、SKKS、SKSP、PSKP、LQ、LR 等。在 $143°$ 附近，外核穿透波 PKP 达到最大振幅，此后，随震中距的增大而分解为 PKP_1、PKP_2 两支，PKP_1 延伸到 $168°$，PKP_2 延伸到 $190°$。

5.2　地震基本参数的测定

基本参数的测定方法很多，这里只讨论一些较为基础的方法原理及少数实测例子。

5.2.1　发震时刻的测定方法

5.2.1.1　走时表法

对于近震（包括地方震），由各台的 Sg 波与 Pg 波的到时差 $T_{Sg} - T_{Pg}$（或 Sg – Pg），在近震走时表上查得震中距 Δ 及走时 t_{Pg}、t_{Sg}，即得发震时刻 T_0：

$$T_0 = T_{Pg} - t_{Pg} = T_{Sg} - t_{Sg} \tag{5.1}$$

实际应用中，用 Pg 和 Sg 确定的发震时刻 T_0 可能不同，而用 Pg 确定的更准确。因为 Pg 波受到的干扰较少，震相又比较清楚，到时比较可靠，所以一般用来确定发震时刻。

对于远震，原理相同。由远震基本震相的到时差 S – P、Lg – P、PP – P 或 PP – PKP 等，查 J – B 走时表，用到时减去走时即得发震时刻。Lg 波是我国各区浅震几乎所有台站都可记录到的一种波，其形态为短周期大振幅的波列。

发震时刻 T_0 按北京时或国际时（格林尼治时间，北京时减去 8 小时）报出。

5.2.1.2　和达法

对于近震，由于局部地质的复杂性，有时无法编走时曲线，可用此法。

若有 3 个以上地震台的 Sg – Pg，由于

$$\begin{cases} t_{Pg} = T_{Pg} - T_0 = \dfrac{D}{v_{Pg}} \\[2mm] t_{\bar{S}} = T_{Sg} - T_0 = \dfrac{D}{v_{Sg}} \end{cases} \tag{5.2}$$

用式（5.2）的第二式减去第一式得

$$t_{\bar{S}} - t_{\bar{P}} = T_{\bar{S}} - T_{\bar{P}} = D\left(\frac{1}{v_{\bar{S}}} - \frac{1}{v_{\bar{P}}}\right) = \frac{D}{v_\varphi} \tag{5.3}$$

其中

$$v_\varphi = \frac{v_{\bar{P}} v_{\bar{S}}}{v_{\bar{P}} - v_{\bar{S}}}$$

式中　D——震源距，即震源到接收点的距离；

v_{Pg}、v_{Sg}——Pg 波、Sg 波的速度；

v_φ——虚波速度。

式（5.3）或写成

$$T_{\bar{S}} - T_{\bar{P}} = \frac{D}{v_{\bar{P}}}\left(\frac{v_{\bar{P}}}{v_{\bar{S}}} - 1\right) = (T_{\bar{P}} - T_0)\left(\frac{v_{\bar{P}}}{v_{\bar{S}}} - 1\right)$$

令波速比 $v_{\bar{P}}/v_{\bar{S}} = v$，上式又可写为

$$T_{\bar{S}} - T_{\bar{P}} = \frac{D}{v_{\bar{P}}}\left(\frac{v_{\bar{P}}}{v_{\bar{S}}} - 1\right) = (T_{\bar{P}} - T_0)(v - 1) \tag{5.4}$$

以 $T_{\bar{S}} - T_{\bar{P}}$ 作纵轴，$T_{\bar{P}}$ 为横轴作图，则 $T_{\bar{S}} - T_{\bar{P}} \sim T_{\bar{P}}$ 呈线性关系（图 5.15）。在 $T_{\bar{P}}$ 轴上的截距为发震时刻 T_0。

另外，此直线的斜率为

$$\frac{T_{\bar{S}} - T_{\bar{P}}}{T_{\bar{P}} - T_0} = \frac{t_{\bar{S}} - t_{\bar{P}}}{t_{\bar{P}}} = \frac{v_{\bar{P}}}{v_{\bar{S}}} - 1 = v - 1 = \tan\alpha$$

式中　α——直线与横轴的夹角。

对泊松介质，$v_{\bar{P}}/v_{\bar{S}} = \sqrt{3}$，则 $\alpha \approx 36°$。

图 5.15 还可以用来求波速比及讨论地区波速比 v 的变化。

5.2.2　地震定位

J–B 走时表和区域走时表是确定台站到震源距离的最基本工具。

5.2.2.1　单台法

先利用 P 波初动振幅求出震中方位角 α，再用 S–P 时差查走时表得震中距 Δ，这样由 α 和 Δ 在地图上就可用作图法可求得震中位置。

震中方位角是指地震台 S 与北极 N 的连线和台与震中 E 的连线之间的夹角，从北数起，顺时针为正（图 5.16）。

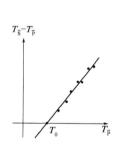

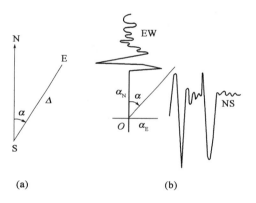

(a)　　　　　　　　　　　　(b)

图 5.15　和达图　　　　　　　　　　图 5.16　震中方位角示意图

1）求震中方位角

设 A_E 为东西向 P 波地震位移，A_N 为南北向 P 波地震位移（单位：μm）。在地震图中量出初至 P 振幅（单位：mm）a_N 及其方向、a_E 及其方向。仪器的动态放大倍数分别为 V_N、V_E，则 P 波地震位移为（消除动态放大倍数 V_N、V_E 的影响）

$$A_N = \frac{a_N}{V_N}, \quad A_E = \frac{a_E}{V_E}$$

所以

$$\tan\alpha_0 = \frac{A_E}{A_N}$$

方位角为

$$\alpha_0 = \arctan\left|\frac{A_E}{A_N}\right| \tag{5.5}$$

这里 α_0 为锐角。

量取垂直向初动位移时,初至向下标"-",向上标"+"。

震中方位角 α 与 α_0 的关系:当震中在台的东北方向时,$\alpha = \alpha_0$,当震中在台的东南方向时,$\alpha = 180° - \alpha_0$;当震中在台的西南方向时,$\alpha = 180° + \alpha_0$;当震中在台的西北方向时,$\alpha = 360° - \alpha_0$。

2)求震中距

在地震图中量取 $S - P$ 时差后,查相应的走时表(区域走时表或 J - B 走时表)确定震中距 Δ。

3)具体做法

在一定比例的地图上,以台 S 为圆心,以 Δ 为半径画圆,此圆与方位线的交点即为震中(图5.17),最后在地图上读出震中 λ_E、φ_E。

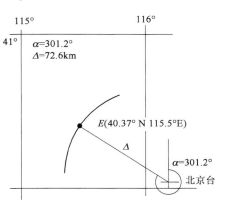

图 5.17 震中距求取方法示意图

例如,某台测得 P 波初至振幅如表5.2所示,查得 $\lambda = 115°30'$,$\varphi = 40°22'$。对于远震,可用吴尔夫网或专用定位地图。

表 5.2 某台 P 波初至振幅列表

N—S	E—W	上下	初动	α_0	α
-0.074	0.122	0.067		58.8°	301.2°

5.2.2.2 多台方法

要精确地测定震源位置,只有使用多台的综合资料才行。

1)交切法

对于近震,已知3个以上台站的资料(表5.3),则根据各个台的 $\overline{S} - \overline{P}$ 的值,利用不同震源深度的近震走时表,求出震中距及震源深度 h。然后在一定比例尺(如百万分之一)的地图上以台为圆心,以 Δ 为半径画图3个台作3个圆,直到获得满意的交切为止,其交点即为震中 E(图5.18)。

表 5.3 某一地震三台地震记录观测结果

台名	马道峪	白家疃	沙城
$\overline{S} - \overline{P}$	5.6	11.4	13.0
Δ,km	47.5	97.0	111.0

对于远震,同样用3个台以上的记录的到时差 $\overline{S} - \overline{P}$ 查走时表求得震中距 Δ。然后在地球仪上以台为中心,Δ 为半径画圆弧,其交点或所交小区域的中心即为震中(根据区域大小可估计误差)。

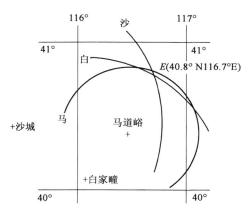

图 5.18　交切法求震中位置实例

2）虚波速度法（石川法）

已知震源距 $D = v_\varphi(\overline{\mathrm{S}} - \overline{\mathrm{P}})$。若已知地区的虚波速度 v_φ，则由 3 个台以上的台站记录到时差 $\overline{\mathrm{S}} - \overline{\mathrm{P}}$ 就可以算出震源距 D。在一定比例尺的地图上以台为圆心，震源距 D 为半径作圆，每两圆相交的点作一弦，三弦交于一点，此点即为震中。过震中对半径最小的圆作垂直于此圆的半径的弦，此弦的一半为震源深度。如图 5.19 所示。这是因为在 $\triangle BES_1$ 和 $\triangle OES_1$ 中有 $S_1B = S_1O$，ES_1 是公共边，故有 $\overline{BE} = \overline{OE} = h$。

例如，1970 年 10 月 21 日地震三台观测结果见表 5.4，作图得（图 5.20）：震中经纬度为 $\lambda = 117.01°E$，$\varphi = 39.9°$，震源深度 $h = 22\mathrm{km}$。

表 5.4　1970 年 10 月 21 日地震三台观测结果

台名	$\overline{\mathrm{P}}$	$\overline{\mathrm{S}}$	$\overline{\mathrm{S}} - \overline{\mathrm{P}}$, s	D, km($v_\varphi = 8.5\mathrm{km/s}$)
平谷	02:11:24	02:11:28	4	34
马道峪	-30	-38.5	8.5	72.3
周口店	-35.3	-46.8	11.5	97.8

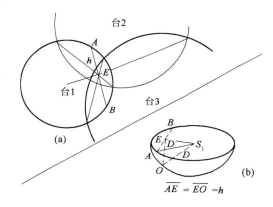

图 5.19　石川法原理示意图

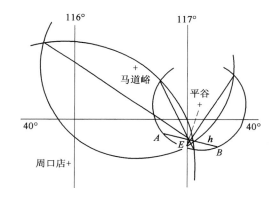

图 5.20　石川法求取震源位置实例

3）和达法

对于近震，某地区无地区的虚波速度及走时表，只有 4 个以上台的到时差 $\overline{\mathrm{S}} - \overline{\mathrm{P}}$，则每两台分成一组，求出三组独立的震源轨迹，用作图法求出震中位置及震源深度。

先求震源轨迹。设台 1(x_1, y_1) 和台 2(x_2, y_2) 的距离为 d_{12}，震源 O 的坐标为 (x, y, z)，震源距分别为 D_1、D_2，则有

$$D_1 = v_\varphi(T_{\overline{\mathrm{S}}1} - T_{\overline{\mathrm{P}}1})$$

$$D_2 = v_\varphi(T_{\overline{\mathrm{S}}2} - T_{\overline{\mathrm{P}}2})$$

即

$$\frac{D_1}{D_2} = \frac{T_{\overline{\mathrm{S}}1} - T_{\overline{\mathrm{P}}1}}{T_{\overline{\mathrm{S}}2} - T_{\overline{\mathrm{P}}2}} = m_{12} \tag{5.6}$$

$$d_{12} = \sqrt{(x_2 - x_1)^2 + (y_2 - y_1)^2}$$

$$D_1 = \sqrt{(x-x_1)^2 + (y-y_1)^2 + z^2}$$

$$D_2 = \sqrt{(x-x_2)^2 + (y-y_2)^2 + z^2}$$

则有
$$\frac{D_1^2}{D_2^2} = \frac{(x-x_1)^2 + (y-y_1)^2 + z^2}{(x-x_2)^2 + (y-y_2)^2 + z^2} = m_{12}^2 \tag{5.7}$$

即
$$(x-x_1)^2 + (y-y_1)^2 + z^2 = m_{12}[(x-x_2)^2 + (y-y_2)^2 + z^2]$$

整理得震源轨迹方程：

$$\left(x - \frac{x_1 - m_{12}^2 x_2}{1 - m_{12}^2}\right)^2 + \left(y - \frac{y_1 - m_{12}^2 y_2}{1 - m_{12}^2}\right)^2 + z^2 = \left(\frac{m_{12} d_{12}}{1 - m_{12}^2}\right)^2 \tag{5.8}$$

式(5.8)表明震源 $O(x,y,z)$ 的轨迹为一球面,球心在地表：

$$\begin{cases} x_0 = \dfrac{x_1 - m_{12}^2 x_2}{1 - m_{12}^2} \\[2mm] y_0 = \dfrac{y_1 - m_{12}^2 y_2}{1 - m_{12}^2} \\[2mm] z_0 = 0 \\[2mm] R_{12} = \dfrac{m_{12} d_{12}}{1 - m_{12}} \end{cases} \tag{5.9}$$

将式(5.8)写为
$$(x-x_0)^2 + (y-y_0)^2 + z^2 = R_{12}^2 \tag{5.10}$$

这是震源的轨迹方程。由式(5.9)可得

$$\frac{x_1 - x_0}{y_1 - y_0} = \frac{x_2 - x_0}{y_2 - y_0} = \frac{x_2 - x_1}{y_2 - y_1} \tag{5.11}$$

由此球面方程推断出：震源轨迹的球心在地表两台连线的延长线上。或者说,台 1 (x_1,y_1) 和台 2 (x_2,y_2) 和球心 (x_0,y_0) 在一条直线上。球心为台 1 (x_1,y_1) 和台 2 (x_2,y_2) 的分点。

根据解析几何,可知分点的坐标：

$$\begin{cases} x_0 = \dfrac{x_1 + \lambda x_2}{1 + \lambda} \\[2mm] y_0 = \dfrac{y_1 + \lambda y_2}{1 + \lambda} \end{cases} \tag{5.12}$$

式中 λ ——分点离台 1 的距离,$\lambda > 0$ 为内分点,$\lambda < 0$ 为外分点。

对比式(5.9)和式(5.12)得 $\qquad \lambda = -m_{12}^2 \tag{5.13}$

表示球心 $C(x_0,y_0)$ 为外分点,位于台 1 和台 2 的延长线上,如图 5.21 所示。

然后作图。为了作图简单,取台1(近台)为坐标原点,台1、台2的连线为 x 轴。此时 $x_1 = y_1 = 0, d_{12} = x_2, y_2 = 0, y_0 = 0$,式(5.10)变为

$$(x-x_0)^2 + y^2 + z^2 = R_0^2 \tag{5.14}$$

其中
$$x_0 = -\frac{m_{12}^2 d_{12}}{1 - m_{12}^2} = -l, y_0 = 0, R_0 = R_{12} = \frac{m_{12} d_{12}}{1 - m_{12}^2}$$

具体做法：在台 1 和台 2 连线的反方向取 x_0 一段,得此球心 C(或称为和达圆圆心 C);以 C 为圆心,以 R_0 为半径作圆。类似地,4 个台组成 3 组,在一定比例尺的地图上作弦的交点得震中 E,过震中作最小圆的半径,再作垂直于此半径的弦,弦长的一半即为震源深度。

由图 5.22 知,震中纬度 $\varphi = 40.3°N$,震中的经度 $\lambda = 116.6°E$,震源深度 $h = 8km$。

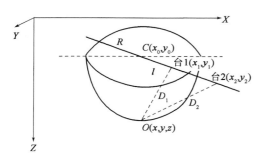

图 5.21　和达法震源轨迹示意图

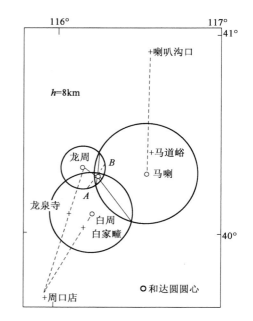

图 5.22　和达法求取震中实例

石川法和和达法都是震源轨迹法,这类方法的主要优点是不依赖于区域性的走时曲线,但台站的布局要合理。和达法中和达圆的组合恰好消除部分布局的不合理性。

例如,1970 年 9 月 13 日北京昌平北地震($M_L = 3.5$)观测结果见表 5.5,用和达法求取震中见图 5.22。

表 5.5　1970 年 9 月 13 日北京昌平北地震($M_L = 3.5$)5 台观测结果

台站	$\overline{P}$	$\overline{S}$	$\overline{S} - \overline{P}$, s
白家疃	04:54:50.8	04:54:53.7	2.9
龙泉寺	-51.3	-54.5	3.2
马道峪	-52.5	-56.6	4.1
周口店	-57.2	04:55:04.6	7.4
平谷	04:55:00.5	-10.4	9.9

表 5.6　台站组合

编组序号	1		2		3	
台站	马道峪	平谷	白家疃	周口店	龙泉寺	周口店
$\overline{S} - \overline{P}$, s	4.1	9.9	2.9	7.4	3.2	7.4
m	0.414		0.392		0.432	
$m/(1-m^2)$	0.499		0.462		0.532	
$m^2/(1-m^2)$	0.210		0.181		0.299	
d, km	56.3		44.35		47.95	
R, km	28.0		20.5		25.6	
l, km	11.8		8.1		11.0	

5.2.2.3　利用计算机进行地震定位的一般方法

设均匀半空间为

$$t_i = \frac{\left[(x_i - x_0)^2 + (y_i - y_0)^2 + (z_i - z_0)^2 \right]^{1/2}}{v} + t_0$$

如图 5.23 所示,震源发出的 P 波射线到达台站 i 的到时为

$$t_i = f(\bar{r}_0, \bar{r}_i, v(\bar{r})) + t_0$$

式中　f——震源到台站射线走时;

　　　$\bar{r}_0$——震源位置;

　　　$\bar{r}_i$——台站 i 的位置;

　　　$v(\bar{r})$——地震波速度,是空间位置的函数;

　　　t_0——发震时刻。

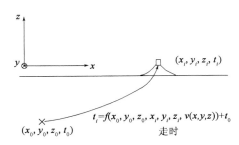

图 5.23　计算机地震定位

对均匀介质,有

$$f(\bar{r}_0, \bar{r}_i, v(\bar{r})) = \frac{\left[(x_i - x_0)^2 + (y_i - y_0)^2 + (z_i - z_0)^2 \right]^{1/2}}{v}$$

现在的问题变为:要从 N 个地震观测记录 $t_1, t_2, \cdots, t_N$ 来确定 4 个未知数,即震源位置 $\bar{r}_0 = (x_0, y_0, z_0)$、发震时刻 t_0。

这显然是一个非线性问题,即便是对均匀介质简单的情况。为了解决这种非线性问题,首先对待测定的数取一个近似,将 $\bar{r}_0^0 = (x_0^0, y_0^0, z_0^0)$ 和 t_0^0 写为

$$x_0 = x_0^0 + \delta x_0, y_0 = y_0^0 + \delta y_0, z_0 = z_0^0 + \delta z_0, \text{和 } t_0 = t_0^0 + \delta t_0$$

δx_0、δy_0、δz_0 和 δt_0 只取一阶,建立 δx_0、δy_0、δz_0 和 δt_0 的线性方程:

$$t_i - t_i^0 = \frac{\partial f(\bar{r}_i)}{\partial x_0}\bigg| \delta x_0 + \frac{\partial f(\bar{r}_i)}{\partial y_0}\bigg| \delta y_0 + \frac{\partial f(\bar{r}_i)}{\partial z_0}\bigg| \delta z_0 + \delta t_0 \qquad i = 1, 2, 3, \cdots, N$$

式中　t_i^0——从近似震源 $\bar{r}_0^0$ 发出的射线在台站 i 的到时,等于发震时刻 t_0^0 加走时。

这个问题可以通过最小二乘法解决。最小二乘法(又称最小平方方法)是一种数学优化技术,它通过最小化误差的平方和寻找数据的最佳函数匹配。利用最小二乘法可以简便地求得未知的数据,并使得这些求得的数据与实际数据之间误差的平方和最小。最小二乘法还可用于曲线拟合。其他一些优化问题也可通过最小化能量或最大化熵用最小二乘法来表达,这样利用最小二乘法通过迭代来确定最符合观测结果的地震定位 $\bar{r}_0 = (x_0, y_0, z_0)$ 和 t_0。下面我们讨论具体的做法。

(1)取得必要的台站地震数据,以某一台站为原点建立水平坐标系(单位是 km),然后把数据从新排列成为如下格式:台站 i 的名称、经纬度、高程、水平坐标(x, y)和到时。然后采用

如下步骤进行地震定位。

（2）取第一近似（0.0, 0.0, -10.0, 0.0）。

（3）计算均匀介质的旅行时及其偏导数,地壳浅部速度近似取为 $v = 6 \text{km/s}$,按上述理论有

$$t_i^0, \frac{\partial f(\bar{r}_i)}{\partial x_0}\bigg|_0, \frac{\partial f(\bar{r}_i)}{\partial y_0}\bigg|_0, \frac{\partial f(\bar{r}_i)}{\partial z_0}\bigg|_0 \qquad i = 1,2,3,\cdots,N$$

（4）建立最小二乘法解的方程:

$$\begin{pmatrix} \dfrac{\partial f(\bar{r}_1)}{\partial x_0} & \dfrac{\partial f(\bar{r}_1)}{\partial y_0} & \dfrac{\partial f(\bar{r}_1)}{\partial z_0} & 1 \\[2mm] \dfrac{\partial f(\bar{r}_2)}{\partial x_0} & \dfrac{\partial f(\bar{r}_2)}{\partial y_0} & \dfrac{\partial f(\bar{r}_2)}{\partial z_0} & 1 \\[2mm] \dfrac{\partial f(\bar{r}_3)}{\partial x_0} & \dfrac{\partial f(\bar{r}_3)}{\partial y_0} & \dfrac{\partial f(\bar{r}_3)}{\partial z_0} & 1 \\[1mm] \vdots & \vdots & \vdots & \vdots \\[1mm] \dfrac{\partial f(\bar{r}_N)}{\partial x_0} & \dfrac{\partial f(\bar{r}_N)}{\partial y_0} & \dfrac{\partial f(\bar{r}_N)}{\partial z_0} & 1 \end{pmatrix} \begin{pmatrix} \delta x_0 \\ \delta y_0 \\ \delta z_0 \\ \delta t_0 \end{pmatrix} = \begin{pmatrix} t_1 - t_1^0 \\ t_2 - t_2^0 \\ t_3 - t_3^0 \\ \vdots \\ t_N - t_N^0 \end{pmatrix}$$

将其写为
$$A\bar{m} = \bar{d}$$

这里 A 是 $N \times 4$ 矩阵:

$$A = \begin{pmatrix} \dfrac{\partial f(\bar{r}_1)}{\partial x_0}\bigg|_0 & \dfrac{\partial f(\bar{r}_1)}{\partial y_0}\bigg|_0 & \dfrac{\partial f(\bar{r}_1)}{\partial z_0}\bigg|_0 & 1 \\[2mm] \dfrac{\partial f(\bar{r}_2)}{\partial x_0}\bigg|_0 & \dfrac{\partial f(\bar{r}_2)}{\partial y_0}\bigg|_0 & \dfrac{\partial f(\bar{r}_2)}{\partial z_0}\bigg|_0 & 1 \\[2mm] \dfrac{\partial f(\bar{r}_3)}{\partial x_0}\bigg|_0 & \dfrac{\partial f(\bar{r}_3)}{\partial y_0}\bigg|_0 & \dfrac{\partial f(\bar{r}_3)}{\partial z_0}\bigg|_0 & 1 \\[1mm] \vdots & \vdots & \vdots & \vdots \\[1mm] \dfrac{\partial f(\bar{r}_N)}{\partial x_0}\bigg|_0 & \dfrac{\partial f(\bar{r}_N)}{\partial y_0}\bigg|_0 & \dfrac{\partial f(\bar{r}_N)}{\partial z_0}\bigg|_0 & 1 \end{pmatrix}$$

$\bar{m}$ 和 $\bar{d}$ 是列向量,分别为

$$\bar{m} = \begin{pmatrix} \delta x_0 \\ \delta y_0 \\ \delta z_0 \\ \delta t_0 \end{pmatrix}$$

和

$$\bar{d} = \begin{pmatrix} t_1 - t_1^0 \\ t_2 - t_2^0 \\ t_3 - t_3^0 \\ \vdots \\ t_N - t_N^0 \end{pmatrix}$$

（5）确定 $\bar{m}$。方程 $A\bar{m} = \bar{d}$ 可写为

$$A^{\mathrm{T}}A\bar{m} = A^{\mathrm{T}}\bar{d}$$

如果 $A^{\mathrm{T}}A$ 不是单数,解得

$$\overline{m} = (A^T A)^{-1} A^T \overline{d}$$

误差估计由数据的方差和方程 $A^T A \overline{m} = A^T \overline{d}$ 中的逆矩阵的对角线来决定。一般用 Δm_i 表示 m_i 的不确定性,计算如下:

$$\Delta m = \sqrt{c_{ii}} \sqrt{\sum_{j=1}^{N} (t_j - t_j^c)^2 / (N - N_P)} \qquad i = 1,2,3$$

式中　N_P——参数的数量(这里是 4);

　　　c_{ij}——$(A^T A)^{-1}$ 的对角线元素;

　　　t_j^c——台站 j 的到时。

(6)获得第二近似:

$$x_0 = 0 + \delta x_0$$
$$y_0 = 0 + \delta y_0$$
$$z_0 = 0 + \delta z_0$$
$$t_0 = 0 + \delta t_0$$

(7)重复步骤(2)、(3)、(4)、(5),直到求得的数据与实际数据之间误差的平方和最小。

5.2.3　测定震级的方法

震级是衡量地震大小的一个量,是地震波能量的一种量度。

地震震级是通过测量地震波中某震相的振幅来衡量地震相对大小的一个量。

5.2.3.1　近震震级的测定(里氏震级)

设沿 x 方向传播的弹性波,其位移函数可以写为

$$u = A\cos\omega\left(t - \frac{x}{c}\right)$$

则能量为

$$E = \frac{1}{2}\rho A^2 \omega^2 = 2\pi^2 \rho \left(\frac{A}{T}\right)^2$$

对于同一地点震源深度相同的两次大小不同的地震,则在同一震中距,必有

$$\frac{E_1}{E_0} = \left(\frac{A_1}{T_1}\right)^2 \Big/ \left(\frac{A_0}{T_0}\right)^2 = 常数 \tag{5.15}$$

式中　E_1、E_2——两次地震的地震波能量;

　　　A_1、A_2——波的振幅;

　　　T_1、T_2——波的周期。

如图 5.24 所示,这一比值与震中距无关。

对于实际的地球介质,由于介质的非弹性及各向异性的影响,式(5.15)可写为

$$\frac{E_1}{E_0} = \left(\frac{A_1/T_1}{A_0/T_0}\right)^{1.8} \tag{5.16}$$

为方便,等式两边取对数:

$$\lg E_1 / E_0 = 1.8 \left[\lg(A_1/T_1) - \lg(A_0/T_0) \right]$$

定义震级:

$$M = \lg \frac{A_1}{T_1} - \lg \frac{A_0}{T_0} \tag{5.17}$$

对于近震,周期变化不大,式(5.17)可采用:

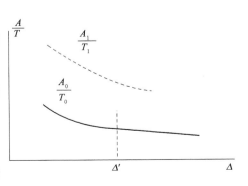

图 5.24　A/T 与震中距关系示意图

$$M_L = \lg A - \lg A^* \tag{5.18}$$

式中　M_L——近震震级,也称里氏震级;

　　　A——两水平分量最大记录振幅的平均值;

　　　A^*——某一标准震级(零级)地震的记录振幅;

　　　$\lg A^*$——震中距的函数,是零级地震在不同震中距处的振幅对数值,称为起算函数。

这种利用观测结果测定震级的方法最早于 1935 年由里克特(G. F. Richter)在研究美国加利福尼亚地震时归纳总结出来,称为里氏震级。

里克特对零级地震是这样规定的:

用伍德—安德森式(Wood-Anderson)标准地震仪(放大倍数 2800,周期 0.8s,阻尼 0.8)记录地震,在震中距 $\Delta = 100km$ 处的地图上,记录到两水平分量最大振幅的平均值为 $1\mu m$ 的地震定义为零级地震。

有了零级地震标准以后,对于任何一次地震,只要有水平向记录就可以计算出震级。

现在可认为:里氏震级为用标准地震仪在 $\Delta = 100km$ 处测得最大振幅(单位:μm)的常用对数,即

$$M_L = \lg A \big|_{\Delta = 100km} \tag{5.19}$$

原始形式的里氏震级式(5.18)早已不再使用,因为大多数地震并不发生在加利福尼亚,并且伍德—安德森式地震仪早已绝迹。

现用的近震震级公式是在此定义的基础上作了修改。

设 Y_E 和 Y_N 为我国现用仪器的两水平最大振幅,T 为相应的周期,$V_E(T)$ 和 $V_N(T)$ 为相应的放大倍数,则地震位移(消除动态放大倍数 V_N、V_E 的影响)为

$$A_{E\mu} = \frac{Y_E}{V_E(T)}, A_{N\mu} = \frac{Y_N}{V_N(T)}$$

设 $V_T(W-A)$ 为标准地震仪的放大倍数,则有

$$Y_{E\mu}(W-A) = A_{E\mu} V_T(W-A)$$
$$Y_{N\mu}(W-A) = A_{N\mu} V_T(W-A)$$

而以毫米为单位测量记录的平均值为(记录振幅)

$$\frac{Y_E(W-A) + Y_N(W-A)}{2}$$

根据里氏震级的定义:

$$\begin{aligned}
M_L &= \lg A - \lg A^* \\
&= \lg \frac{A_{E\mu} V_T(W-A) + A_{N\mu} V_T(W-A)}{2 \times 1000} - \lg A^* \\
&= \lg \frac{V_T(W-A)}{1000} + \lg \frac{A_{E\mu} + A_{N\mu}}{2} - \lg A^*
\end{aligned}$$

令水平向最大地震位移振幅为　　$A_\mu (单位:\mu m) = \dfrac{A_{E\mu} + A_{N\mu}}{2}$

而 $R(\Delta) = \lg[V_T(W-A)/1000] - \lg A_0^*$ 为起算函数,则

$$M_L = \lg A_\mu + R(\Delta) \tag{5.20}$$

这是我国现行的近震震级公式。

$R(\Delta)$ 是推广后的起算函数,它的物理意义是校准或补偿地震波随距离的衰减,它与

$-\lg A^*$ 有关,也是震中距的函数。

考虑到台站下面的地质构造及土质条件的影响,各台站应加上校正值 $S(\Delta)$。它与地质结构、近地表岩石性质、土壤的疏松程度等因素引起的放大效应有关,与方位无关。于是式(5.20)改为

$$M_L = \lg A_\mu + R(\Delta) + S(\Delta) \tag{5.21}$$

我国规定以北京白家疃台的基式仪记录为 M_L 的标准基值($S=0$),其他地震台和其他仪器要另求 S 值。

由于不同类型震源向各方向发射的能量不均匀,地震波在不同传播路径衰减不同及台站差异等,同一地震由不同方位上的台站记录计算出来的震级值有时存在差异,克服的方式是不同方位算出的震级的平均值作为最终的震级值。

用一张特殊的标准图(图 5.25)计算一个地震 M_L 的过程是很简单的:

(1)用 S 波与 P 波到达时间差(S – P = 24s)计算出震中距。

(2)在地震图上测出波运动的最大振幅(23mm)。

(3)在图中左边选取适当的距离(左边)点,在右边选取适当的振幅点,两点连一直线,从与中央震级标度线相交点可读出 $M_L = 5.0$。

小断层的滑动可能产生小于零震级的地震,即 M_L 为负值。在局部地区非常灵敏的地震仪可探测到小于 -2.0 级的地震。

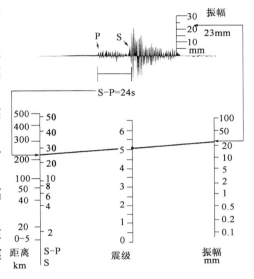

图 5.25　震级速算量板

5.2.3.2　远震震级的测定

记录上的最大振幅是能量强弱的标志,在浅源远震记录图上振幅最大的波是面波,利用面波最大振幅测定的震级称为面波震级,用 M_S 表示。

对于远震,利用面波测定震级计算公式:

$$M_S = \lg\left(\frac{A}{T}\right)_{最大} + \sigma(\Delta) + C \tag{5.22}$$

式中　A——面波水平向最大地震位移(单位 μm)两水平分量最大振幅的合成,$A = \sqrt{A_N^2 + A_E^2}$;

　　　T——面波最大振幅对应的周期,一般取 20s 左右;

　　　$\sigma(\Delta)$——起算函数;

　　　C——台站校正值。

为了全国台站统一数据和便于国际资料的交换,规定用面波震级 M_S 上报,为此给出 M_S 与 M_L 的换算经验关系式:

$$M_S = 1.13M_L - 1.08$$

5.2.3.3　深远地震的震级测定

我国台站记录到的较深地震一般是深远震。深震面波不发育,必须用体波的最大振幅测定震级,这些体波包括 P、PP、S 等震相。远震距离上(30° ~ 90°),P 波震相较为简单,主要因为

在这个距离范围,P波不受上地幔过渡层P波三重值及核幔边界滑行波及地球外核震相的影响,所以通常利用P波确定震级。

体波震级的定义为

$$m_{\mathrm{b}} = \lg \frac{A}{T} + Q + C \tag{5.23}$$

其中

$$Q = -\lg(A_0/T_0)$$

式中　A——周期为T的体波的地震位移两水平分量最大地震位移的合成,也可用垂直向A_z;

　　　Q——起算函数,称为量规函数;

　　　A_0、T_0——零级地震的地震振幅和周期。

用P波震级m_{b}有很大优点,它可以提供深源、浅源甚至远距离的任何地震震级。

m_{b}和M_{S}的经验关系如下:

$$M_{\mathrm{S}} = 1.59 m_{\mathrm{b}} - 4$$

古登堡把震级的应用推广到远震和深源地震,奠定了震级体系的基础。

M_{L}、m_{b}和M_{S}不统一,就是说,同一台记录仪所测定的同一地震的三个震级不相同,从而提出统一震级的说法,但使用价值不大。

里氏震级客观地量度了地震大小,而且测量方法简单,另外提供了对地震的一种分类,深化了研究;缺点是:震级标度完全是经验性的,与地震发生的物理过程并没有直接的联系,物理意义不清楚,而且震级测定结果的一致性存在问题,特别是存在地震饱和效应。

在寻求地震大小有物理意义的测量中,地震学家们注意到力学的经典理论,它描述物体在力的作用下而产生的运动。一种称为地震矩的衡量被广泛采纳。

5.2.3.4　震级饱和和矩震级

1)震级饱和

20世纪60年代接连发生了几个巨震,见表5.7,各种震级的饱和值见表5.8。

表5.7　历史三次巨震各种震级测定结果

	M_{20}	M_{100}	M_{W}
1952年堪察加	8.3~8.5	8.8	9.0
1964年阿拉斯加	8.3~8.5	8.9	9.2
1960年智利	8.3~8.5	8.8	9.5

表5.8　各种震级标度饱和值

M_{L}	$m_{\mathrm{b}}(T \sim 1\mathrm{s}\ \mathrm{P}$波$)$	$M_{\mathrm{S}}(T \sim 20\mathrm{s}\ $面波$)$	$M_{100}(T \sim 100\mathrm{s}\ $面波$)$
7	6.9	8.6	8.9

里氏震级标度出现饱和,即当地震能量达到一定程度之后,计算出的震级值不随能量的增加而增加。这种地震波能量增加,而相应的震级大小却不再增加的现象,称为震级饱和。

饱和现象表明对于巨震能量估计偏低。

产生震级饱和的原因是里氏震级系统是建立在单一频率振幅定震级的基础上。从某种角度上讲,振幅的大小表现了震源体内地震所释放的能量的大小。地震越大,断层越长,激发的面波的波长也越长,周期也越大,携带的能量也越丰富。对于近震和小震,通常使用的地震仪能对地震体波和20s周期以内的面波记录较好,测出的震级也比较客观地反映了震源处能量的释放;但对强烈地震,地下岩石破裂长度达数百千米,激发更长周期的面波,且其携带更多的能量,而常用的中长周期地震仪受频带的限制,对周期为 20s 以上的面波记录到的振幅却不再增大,产生了震级饱和现象。

克服震级饱和的方法:其一,应用长周期地震仪,它可以记录长达 1h 以上的长波,其波长达数百至数千千米,这个数字大于或相当于巨大地震所产生的断层长度值,因而引进一个新的 100s 震级 M_{100},它建立在周期为 100s 面波振幅的基础上,而不采用 20s;其二,用地震矩测定震级(用地震矩测定的震级称为距震级);其三,利用不同周期的波测定震级——谱震级。

2)矩震级 M_W

为了客观地衡量巨大地震的大小,需要有一种震级标度,它不会像 M_L、m_b 和 M_S 三种震级那样出现饱和的情况,矩震级是不会饱和的震级标度。

首先对剪切位错源释放的地震波能量作粗略的估计。

如图 5.26 所示,假定断层面的面积为 A,$\bar{u}$ 为断层面上的平均错距,断层面上的切应力从 σ_0 降到 σ_1 时的弹性应变能的变化(减少)即为地震释放的能量。

定义平均应力:

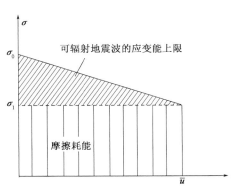

图 5.26　地震能量释放示意图

$$\bar{\sigma} = \frac{\sigma_0 + \sigma_1}{2} \tag{5.24}$$

则源区弹性应变能的减少量为

$$\Delta W \approx \bar{\sigma} \cdot \bar{u} \cdot A = \frac{\sigma_0 + \sigma_1}{2} \cdot \bar{u} \cdot A = \frac{\sigma_0 - \sigma_1}{2} \bar{u} \cdot A + \sigma_1 \cdot \bar{u} \cdot A$$

当断层面上的应力大约与摩擦力 σ_f 相等时($\sigma_1 = \sigma_f$),断层运动停止,则

$$\Delta W - \sigma_f \cdot \bar{u} \cdot A = \frac{\sigma_0 - \sigma_1}{2} \cdot \bar{u} \cdot A = \frac{\Delta \sigma}{2} \cdot \bar{u} \cdot A \tag{5.25}$$

地震矩定义为

$$M_0 = \mu \cdot \bar{u} \cdot A \tag{5.26}$$

式中　μ——剪切模量,已知地壳—上地幔(全部地震在其中发生)的剪切模量的范围 $\mu \approx (3 \sim 6) \times 10^{11} \mathrm{dyn/cm^2}$。

由式(5.25)和式(5.26)得

$$\Delta W - \sigma_f \cdot \bar{u} \cdot A = \frac{\Delta \sigma}{2\mu} \cdot M_0 \tag{5.27}$$

式(5.27)左边给出断层错动时总的应变能与热能之差,右边为地震波能量 E。即地震前后断层系统释放的总的弹性位能。

其次,应用能量和震级之间的关系即式(1.3),得到折算的矩震级 M_W:

$$M_W = \frac{\lg E - 11.8}{1.5}$$

由式(5.27)得

$$E = \frac{\Delta \sigma}{2\mu} M_0$$

对于巨大地震，$\Delta\sigma \approx 20 \sim 60\text{bar} = (2 \sim 6) \times 10^7\text{dyn/cm}^2$，故 $\Delta\sigma/\mu \approx 10^{-4}$，因此 $E = M_0/(2 \times 10^4)$。

从而得到与地震矩 M_0 有关的新的震级公式：

$$M_{\text{w}} = \frac{\lg M_0}{1.5} - 10.7 \tag{5.28}$$

式中　M_0——地震矩，$\text{dyn} \cdot \text{cm}$。

M_{w} 震级给出了地震大小更具有物理意义的衡量，特别是对最强烈地震。其优点是从任何普通的现代地震仪记录到的地震图就可以计算出地震矩 M_0。矩震级是一个绝对的力学标度，不存在饱和问题。其缺点是地震矩测定复杂，中小地震更难测地震矩，而且天然地震大多数是位错源，但又不全是位错源，所以模型单一而不全面。

思　考　题

1. 试述近震、远震基本参数测定方法的基本原理。

2. 如图 5.27 所示，设俯冲板块的倾角为 30°，假设一束波垂直入射俯冲板块，波 ScS 在板块的上表面发生波形转换 ScSp。假定板块内部波速 $a = 9.3\text{km/s}$，$b = 5.2\text{km/s}$，板块上部至地表波速 $a_2 = 8.0\text{km/s}$，$b_2 = 4.6\text{km/s}$。

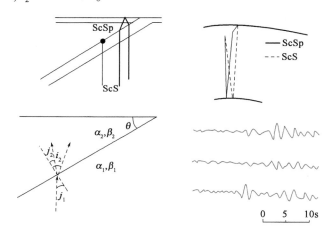

图 5.27　波垂直入射俯冲板块

（1）给出 ScS 和 ScSp 在板块顶部和地表内表面的入射角。

（2）根据所得结果和地震图估计台站到此板块顶部的深度。

注意：台站接收的 ScS 和 ScSp 震相在板块顶部的反射点不同。

3. M_{s} 通常是以 20s 周期的面波记录计算得到的，如果以 30s 周期的面波记录确定震级，则 30s 的面波震级饱和值会比通常的 M_{s} 值高还是低？为什么？

6 震源理论

地震震源物理中关于地震的成因、形成及其破裂过程,是地震学研究的重要内容之一。

全球 90% 的地震属于构造地震。对于构造地震的成因,有各种学说:冲击说(机械动能、化学能)、相变说(结晶能)、断层说(弹性应变能、势能转化为弹性动能),目前普遍接受的是断层成因学,这类似于晶体物理中的裂纹扩展问题,将介质中的破裂解释为弹性体内的位移突变。

不同类型的震源产生不同的位移场,通过对位移场的观测可反演出表征震源运动过程的各类物理参数,如断层面的取向、震源尺度、破裂速度、错动距离、应力降以及地震矩等,这些称为震源机制问题。本章将重点介绍几种地震震源机制反演的基本方法。

6.1 弹性回跳理论

大多数构造地震发生于地壳中。地壳形变时,能量缓慢积累且以应变能的形式存储于岩石中,直到在某一点积累的形变超过了极限,岩石就发生了破裂,或者说产生了断层。断层互相对着的两盘回跳到平衡位置,储存在岩石中的应变能便释放出来,一部分转变为热能,一部分用于使岩石破碎,还有一部分转化为使大地震动的弹性波能量。这就是里德(H. F. Reid)在 1910 年提出的关于地震直接成因的弹性回跳理论。

此弹性假说首先用于解释 1906 年 4 月 18 日美国旧金山大地震,该地震的发生是该地的圣安德烈斯断层重新活动的结果,里德的模型是关于震源破裂的最简单、直观的描述。

既然地震是由断层引起的,那么破裂或者说断层的取向和其他性质应当或多或少地和引起这个破裂的、作用于地球内的应力有关,所以通过分析记录到的地震波动,就可能确定产生地震的断层的取向和其他有关性质。

弹性回跳理论示意图如图 6.1 所示。

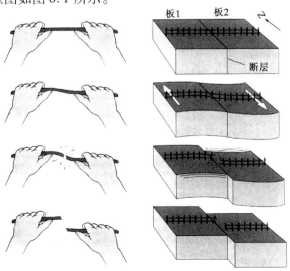

图 6.1 弹性回跳理论示意图

弹性回跳理论总结如下：

（1）无应力状态；

（2）岩石受到应力而产生形变，引起相对位移；

（3）在某一时刻，从某一点开始，应力超过了阻力，岩石滑动或破裂形成了断层；

（4）断层两边又回到新的无应力状态。

6.2 震源模型

可以想象出，震源的能量释放过程是发生在一个有限的体积内，这个有限的体积就称为震源或震源区，如图6.2所示。断层面上各点同时破裂不太合乎实际，比较合理的模型应是一个破裂过程（有限时段）。

经验证明，震源区的尺度与震级有关。震级越大，则震源体积越大。一次大地震的震源体积可能有几百万立方千米。

点源是震源最简单和最方便的图像。当震源体积的尺度远小于波长时，此源即为点源。在远离震源的地方，点源和体源所产生的地震波效果是相同的，因此一般用点源模型来处理问题。

6.2.1 集中点源和偶极点源

根据点源作用力，可将震源模型分为集中点源和力偶极点源。

图6.3是点源受力最简单的情况。

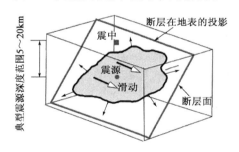

图6.2 震源破裂模型示意图

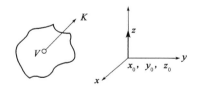

图6.3 点源受力

设有一体力 $\boldsymbol{K}(x,y,z)$（单位质量的力）作用于空间某一区域 V 上。当时 $V\rightarrow0$，即 V 集中于一点 (x_0,y_0,z_0) 上，其合力大小为

$$\lim_{V\rightarrow0}\iiint\rho K(x,y,z,t)\mathrm{d}\Omega = K_0(t) \tag{6.1}$$

合力的方向为 $\boldsymbol{Z}=K_0(t)\boldsymbol{e}_z$，称为作用在 (x_0,y_0,z_0) 点上的集中力（单力）。

此类单力的作用而形成的点源称为集中震源，又称一级源。

若在 V 内 K 的变化不大，则有

$$\iiint\limits_{V}\rho K(x,y,z,t)\mathrm{d}\Omega = \rho\boldsymbol{K}(t)V$$

式中　$\boldsymbol{K}(t)$——V 内 $K(t)$ 的平均值。

这样形成的震源近似称为点源。

理想的集中震源是不存在的,但它是震源类型最基本的情况,相当于当发生断层错动时只有一翼运动的情况。

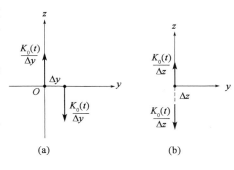

图 6.4 是震源同时有双力(一对单力)作用的情况,即偶极点源。

若有单力 $\boldsymbol{Z} = \dfrac{K_0(t)}{\Delta y}\boldsymbol{e}_z$ 作用于点 (x_0, y_0, z_0);另一

单力 $\boldsymbol{Z} = -\dfrac{K_0(t)}{\Delta y}\boldsymbol{e}_z$ 作用于 $(x_0, y_0 + \Delta y, z_0)$。

图 6.4 偶极点源示意图

当 $\Delta y \to 0$ 时,此双力形成力矩:

$$M(t) = \lim_{\Delta y \to 0} \frac{K_0(t)}{\Delta y}\Delta y = K_0(t) \tag{6.2}$$

由这样一对力形成的震源称为有矩偶极点源。

若此两单力同时作用在 z 轴上,则在极限情况下($\Delta z \to 0$)形成无矩偶极点源,如图 6.4(b)所示。

6.2.2 位错源

体源模型中,认为震源区的断层是地球介质内的一个滑动面,在其两侧发生了不连续的错动,因而采用位错理论。根据位错理论,将震源模型分为弹性位错源和运动位错源。

断层两边的岩石发生相对的突然错动是位移错动,简称位错(图 6.5)。发生位移错动而不连续的面称为位错面,由位错形成的源称为位错源,位错面即为断层面。

当相对错动的方向就在位错面内时,称为剪切位错源。

当相对错动的方向与位错面的法向方向一致时,称为张裂位错源。

以剪切位错源为例。如图 6.6 所示,剪切位错源的形成可想象为下述过程,在弹性体内作一切口,形成一个新的表面区域 Σ,切口两边的面上具有相对位移;在此区域使切口的两面重新黏合。通过这一过程,弹性体内又恢复了应力的连续性。但由于 Σ 面两侧的位移不连续,因而激发了内部应变,这种形变形成剪切位错模型(图 6.7)。

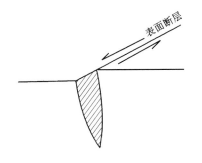

图 6.5 位错面示意图

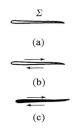

图 6.6 剪切位错源

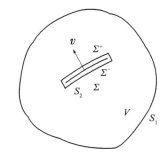

图 6.7 剪切位错模型

实际在发生地震时,断层面上的位错并不是同时发生的,往往是断层面上的某点开始破裂产生错动,然后沿断层面扩展形成运动位错源。它等效于点源沿一定方向以有限速度移动而形成的有限移动源。图 6.8 是运动位错源模型。

6.2.3 格林函数和矩阵张量

下式把在某距离观测到的某一地震引起的位移与震源的性质联系起来：

$$\rho \frac{\partial^2 u_i}{\partial t^2} = \frac{\partial \tau_{ij}}{\partial x_j} + f_i \tag{6.3}$$

式中　　ρ——密度；

　　　　u_i——位移；

　　　　τ_{ij}——应力张量；

　　　　f_i——体力项。

现在考虑由面 S 包围的体积 V 里的位移场。体积 V 里的位移必须是初始条件、体积 V 里的内力和在 S 上的牵引力作用的唯一函数。考虑在时刻 t_0 作用于 x_0 处的力矢量 $\boldsymbol{f}(x_0, t_0)$，在位置 x 的接收器测量的位移 $\boldsymbol{u}(x, t)$。在考虑这个问题时，定义一个格林函数，它是一个把震源项与波传播的其他细节分开的表示法。格林函数 $G(x, t)$ 表示单位力函数作用于 x_0 点，在点 x 处所产生的位移，一般来说，可以写成

$$u_i(\boldsymbol{x}, t) = G_{ij}(x, t; x_0, t_0) \boldsymbol{f}_i(x_0, t_0) \tag{6.4}$$

式中　　$\boldsymbol{u}$——位移；

　　　　$\boldsymbol{f}$——力矢量；

　　　　G——弹性动力学格林函数。

通常用断层滑动即在弹性介质内部界面的两侧位移不连续来模拟地震。震源是足够小的，可以视为点源。例如，有两个大小为 f、方向相反、相隔距离为 d 的力矢量（图6.9），这叫一个力偶。

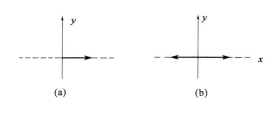 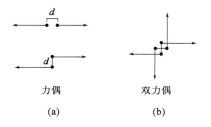

图6.8　运动位错源模型　　　　　　　　　图6.9　力偶与双力偶

（a）单侧移动源；（b）右双侧移动源　　　（a）方向相反、相距为一小距离 d 的力偶；

　　　　　　　　　　　　　　　　　　　（b）双力偶是一对互补的力偶，导致没有净转矩

在笛卡儿坐标系里定义力偶矩 M_{ij}，i 表示力偶的一对作用力的方向，j 表示方向相反的分开的力矩。图6.10展示了9种不同的力偶。M_{ij} 的大小为乘积 fd，在点源极限的情况下 $d \to 0$ 时，M_{ij} 为常数，因而自然地定义了矩张量 $\boldsymbol{M}$：

$$\boldsymbol{M} = \begin{bmatrix} M_{11} & M_{12} & M_{13} \\ M_{21} & M_{22} & M_{23} \\ M_{31} & M_{32} & M_{33} \end{bmatrix} \tag{6.5}$$

角动量守恒的条件要求 $\boldsymbol{M}$ 是对称的（例如，$M_{ij} = M_{ji}$）。因此，$\boldsymbol{M}$ 只有6个独立元素。矩张量给出了在弹性介质内产生的可能作用在某一点的力的一般表达。

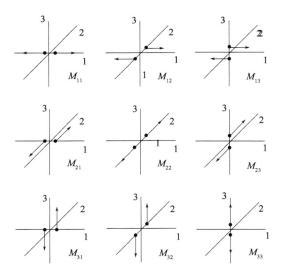

图 6.10　构成矩张量分量的 9 种不同的力偶

根据点力格林函数,可以用式(6.4)把由在 x_0 处的力偶所产生的位移表达写为

$$u_i(x,t) = G_{ij}(x,t;x_0,t_0)f_j(x_0,t_0) - G_{ij}(x,t;x_0 - \mathrm{d}x_k,t_0)f_j(x_0,t_0)$$

$$= \frac{\partial G_{ij}(x,t;x_0,t_0)}{\partial x_k}df_j(x_0,t_0) \tag{6.6}$$

这里力矢量 f_j 在 x_k 方向分开距离 d,乘积 $f_j d$ 是 M_{jk} 的第 k 列,于是

$$u_i(x,t) = \frac{\partial G_{ij}(x,t;x_0,t_0)}{\partial x_k}M_{jk}(x_0,t_0) \tag{6.7}$$

由式(6.7)可以看到,位移与地震矩张量的分量之间通过点力格林函数的空间导数联系在一起,呈线性关系。

6.2.4　地震断层

理想地,把地震看成是任意取向的平面断层两侧的运动(图 6.11)。断层面由它的走向 ϕ(断层与水平地表面交线相对于北的角度)、倾角 δ(相对于水平面的角度)规定。滑动角 λ 是滑动矢量和走向之间的夹角。上盘向上运动的断层叫逆断层,反之,上盘向下运动的断层叫正断层。倾角小于 45°的逆断层也叫冲断层,近于水平的冲断层叫逆掩断层。

一般来说,逆断层包含有在垂直走向的方向上的水平压缩,而正断层则有水平拉张。断层面之间的水平运动叫走滑,垂直运动叫倾滑。

走向($0° \leqslant \phi < 360°$)、倾角($0° \leqslant \delta < 90°$)、滑动角方向($0° \leqslant \lambda < 360°$)和滑动矢量的值 D 规定了断层最基本的地震模型或地震的震源机制。它可能表明,由这样的断层辐射的地震能量可以用双力偶震源的等效体力表示的位移场来模拟。例如,走向为 x_1 方向的垂直断层的右旋运动可用矩张量表示:

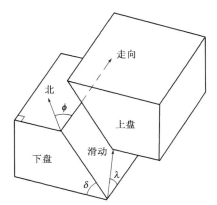

图 6.11　由断层面走向和倾角及滑动矢量方向规定的平面断层

$$M = \begin{bmatrix} 0 & M_0 & 0 \\ M_0 & 0 & 0 \\ 0 & 0 & 0 \end{bmatrix} \qquad (6.8)$$

其中 M_0 叫标量地震矩,为

$$M_0 = \mu D A \qquad (6.9)$$

式中 μ——剪切模量;

   D——断层位移;

   A——断层面积。

读者可以查证,M_0 的单位是 N·m,与前面定义的力偶单位相同。根据不同力偶的取向,容易看出怎样用矩张量来描述走向、倾角、滑动角为 90° 倍数的任何断层。

由于矩张量的对称性,这些右旋和左旋的断层有相同的矩张量描述和同样的地震辐射图像。

因为 $M_{ij} = M_{ji}$,所以相应的双力偶模型有两个可能的断层面。例如,方程(6.8)对于走向沿 x_2 的左旋断层也是合适的(图 6.12)。实际的断层面叫主断层面,另一个断层面叫辅助断层面。

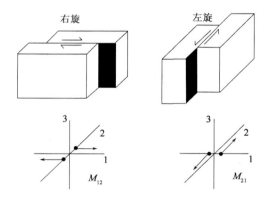

图 6.12   右旋及左旋断层

对方程(图 6.13)给出的这个矩张量的例子,主轴相对于原坐标 x_1 和 x_2 轴的角度为 45°(图 6.14),旋转后矩张量变为

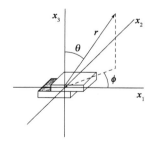

图 6.13   在 (x_1, x_2) 平面中图 6.12 中
沿 x_1 方向滑动的断层有关
的矢量的球坐标

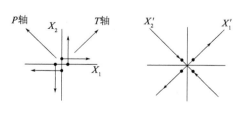

图 6.14   矩张量的旋转
双力偶可以用矩张量的非对角线项 M_{12}、M_{21} 来描述,通过坐标系旋转到 P 轴和 T 轴的方向。在新的坐标系里,矩张量有 M_{11} 和 M_{22} 的对角线项

$$\boldsymbol{M}' = \begin{bmatrix} M_0 & 0 & 0 \\ 0 & -M_0 & 0 \\ 0 & 0 & 0 \end{bmatrix} \qquad (6.10)$$

坐标 x_1' 叫拉张轴 T, x_2' 叫压缩轴 P。注意:只有当断层面与最大剪切面相吻合时,这些轴才能给出地球最大压缩和拉张的方向。

矩张量的迹是地震发生时体积变化的度量,对双力偶模型总是为零。相反,各向同性的爆炸源的矩张量有简单的形式:

$$\boldsymbol{M} = \begin{bmatrix} M_{11} & 0 & 0 \\ 0 & M_{22} & 0 \\ 0 & 0 & M_{33} \end{bmatrix} \qquad (6.11)$$

这里 $M_{11} = M_{22} = M_{33}$。

6.2.5 辐射图像

在各向同性点源的球面波前的简单情况下,P 波势的解为

$$\phi(r,t) = \frac{-f(t-r/\alpha)}{r} \qquad (6.12)$$

式中 α——P 波速度;

r——观测点至点源的距离;

$f(t)$——震源时间函数。

位移势的梯度给出了位移场:

$$u(r,t) = \frac{\partial \phi(r,t)}{\partial r} = \frac{1}{r^2} f(t-r/\alpha) - \frac{1}{r} \frac{\partial f(t-r/\alpha)}{\partial r} \qquad (6.13)$$

定义 $\tau = t - r/\alpha$ 为延迟时间,这里 r/α 是使 P 波从震源开始、传播距离 r 所用的时间,则有

$$\frac{\partial f(t-r/\alpha)}{\partial r} = \frac{\partial f(t-r/\alpha)}{\partial \tau} \frac{\partial \tau}{\partial r} = -\frac{1}{\alpha} \frac{\partial f(t-r/\alpha)}{\partial \tau}$$

所以式(6.13)可表达为

$$u(r,t) = \frac{1}{r^2} f(t-r/\alpha) + \frac{1}{r\alpha} \frac{\partial f(t-r/\alpha)}{\partial t} \qquad (6.14)$$

因为方程(6.14)只应用于 P 波,且假定震源为球对称,不涉及辐射图像效应,所以相对简单。第一项按 $\frac{1}{r^2}$ 衰减,因其只在接近震源处才是重要的,故称为近场项,表示震源的永久性位移;第二项按 $\frac{1}{r}$ 衰减,因其在远离震源的较大距离处居主导地位,故称为远场项。

对点力和双力偶模型,表达式更复杂些,但也都包含了近场和远场项。在 $x = 0$ 处的矩张量震源的 jk 分量在整个均匀空间里所产生的远场 P 波位移为

$$u_i^p(x,t) = \frac{1}{4\pi\rho\alpha^3} \frac{x_i x_j x_k}{r^3} \frac{1}{r} \dot{M}_{jk}(t-r/\alpha) \qquad (6.15)$$

其中

$$r^2 = x_1^2 + x_2^2 + x_3^2$$

式中 r——震源至接收器的距离;

$\dot{M}$——矩张量的时间导数。

式(6.15)是由任何震源矩张量表达式所给出的远场 P 波位移的一般表达式。

考虑由双力偶震源描述断层更具体的例子。不失一般性,假定断层在(x_1,x_2)平面里,运动沿 x_1 方向(图6.15),则 $M_{13} = M_{31} = M_0$,并且

$$u_i^P(x,t) = \frac{1}{2\pi\rho\alpha^3} \frac{x_i x_1 x_3}{r^3} \frac{1}{r} \dot{M}_0(t - r/\alpha) \tag{6.16}$$

注意:式(6.16)与式(6.15)比较,因子的差别是由于对 M_{13} 和 M_{31} 求和。如果定义与断层有关的球坐标,如图6.15所示,即有

$$\begin{cases} x_3/r = \cos\theta \\ x_1/r = \sin\theta\cos\phi \\ x_i/r = \hat{r}_i \end{cases} \tag{6.17}$$

把 x 代入式(6.16),且用 $\cos\theta\sin\theta = \frac{1}{2}\sin2\theta$,即有

$$u^P = \frac{1}{4\pi\rho\alpha^3}\sin2\theta\cos\phi\dot{M}_0(t - r/\alpha)\hat{r} \tag{6.18}$$

图6.15 和图6.16 展示了 P 波的辐射图像。注意,断层面和辅助断层面(垂直于断层面和滑动矢量)形成了把 P 波极性分成 4 个象限的零运动节线。图6.16 中箭头表示初动的方向,它们的长度与波的振幅成比例,粗线表示主断层面和辅助断层面。向内指向的矢量表示在远场向外的位移(假定 M 是正的),为压缩象限;朝外指向的矢量出现在膨胀象限。

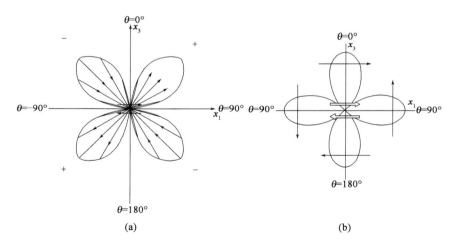

(a)   (b)

图6.15　双力偶点源远场辐射的 P 波(a)和 S 波(b)在力偶所在平面内的辐射图

对 S 波,方程只是稍微更复杂些,远场的 S 波位移作为 M_{jk} 的函数,为

$$u_i^S(x,t) = \frac{(\delta_{ij} - \gamma_i\gamma_j)\gamma_k}{4\pi\rho\beta^3} \frac{1}{r} \dot{M}_{jk}(t - r/\beta) \tag{6.19}$$

式中　β——剪切波速度;

　　　γ_i——方向余弦,$\gamma_i = x_i/r$。

对图6.17 所示几何图形的双力偶震源,我们可以重新把方程(6.19)写为

$$u^S(x,t) = \frac{1}{4\pi\rho\beta^3}(\cos2\theta\cos\phi\hat{\boldsymbol{\theta}} - \cos\theta\sin\phi\hat{\boldsymbol{\phi}})\frac{1}{r}\dot{M}_0(t - r/\beta) \tag{6.20}$$

式中　$\hat{\boldsymbol{\theta}}$、$\hat{\boldsymbol{\phi}}$——在 θ 和 ϕ 方向的单位笛卡儿矢量。

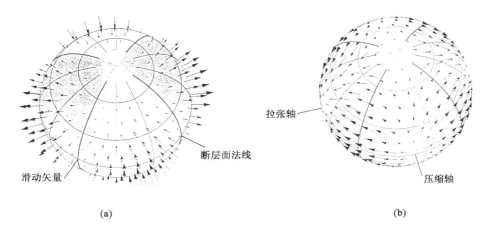

图 6.16　双力偶震源远场辐射的 P 波(a)和 S 波(b)图像(阴影为压缩)

产生的 S 波幅射图像如图 6.15 所示,没有节面,但有节点。S 波的极性一般指向 T 轴,背离 P 轴。

采用如图 6.17 所示的射线坐标系,将式(6.18)和式(6.20)写为

$$\begin{cases} u_r = \dfrac{1}{4\pi\rho\alpha^3 r}\sin2\theta\cos\phi\dot{M}_0(t-r/\alpha) \\[2mm] u_\theta = \dfrac{1}{4\pi\rho\beta^3}(\cos2\theta\cos\phi)\dfrac{1}{r}\dot{M}_0(t-r/\beta) \\[2mm] u_\phi = \dfrac{1}{4\pi\rho\beta^3}(-\cos2\theta\sin\phi)\dfrac{1}{r}\dot{M}_0(t-r/\beta) \end{cases} \quad (6.21)$$

在竖直面内,其振幅与入射角的变化关系(辐射图案)见图 6.15。

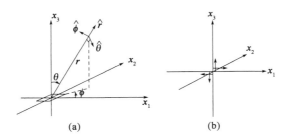

图 6.17　表示双力偶(右)产生的位移场的球坐标(a)和直角坐标(b)

6.2.6　震源谱

现在考虑在频率域里远场脉冲的特征。单位高度和宽度箱形函数的傅里叶变换为

$$F[B(t)] = \int_{-1/2}^{1/2}\mathrm{e}^{\mathrm{i}\omega t}\mathrm{d}t = \frac{1}{\mathrm{i}\omega}(\mathrm{e}^{\mathrm{i}\omega/2}-\mathrm{e}^{-\mathrm{i}\omega/2})$$

$$= \frac{1}{\mathrm{i}\omega}[\mathrm{i}\sin(\omega/2)-\mathrm{i}\sin(-\omega/2)+\cos(\omega/2)-\cos(-\omega/2)]$$

$$= \frac{1}{\mathrm{i}\omega}2\mathrm{i}\sin(\omega/2) = \frac{\sin(\omega/2)}{\omega/2} \quad (6.22)$$

函数 $\sin x/x$ 通常称为 $\mathrm{sinc}x$。用傅里叶变换的定标法则,可以把单位高度和宽度 τ_r 的箱形函数的傅里叶变换表达为

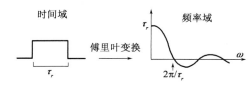

图 6.18　在时间域里的箱形脉冲给出了频率
域里的 sinc 函数

$$F[B(t/\tau_r)] = \tau_r \mathrm{sinc}(\omega\tau_r/2) \qquad (6.23)$$

图 6.18 对此作了说明。注意,第一个零位交叉在 $\omega = 2\pi/\tau_r$ 出现,相应的频率 $f = 1/\tau_r$。由两个宽度分别为 τ_r 和 τ_d 的箱形函数的褶积给出的 Haskell 函数模型在频率域里可以表达为两个 sinc 函数的乘积:

$$F[B(t/\tau_r) * B(t/\tau_d)] = \tau_r\tau_d \mathrm{sinc}(\omega\tau_r/2)\mathrm{sinc}(\omega\tau_d/2) \qquad (6.24)$$

因此,Haskell 断层模型的振幅谱 $|A(\omega)|$ 可表达为

$$|A(\omega)| = gM_0 |\mathrm{sinc}(\omega\tau_r/2)||\mathrm{sinc}(\omega\tau_d/2)| \qquad (6.25)$$

式中　g——定标项,包括几何扩散等。

对式(6.25)取对数,即有

$$\lg|A(\omega)| = G + \lg M_0 + \lg|\mathrm{sinc}(\omega\tau_r/2)| + \lg|\mathrm{sinc}(\omega\tau_d/2)| \qquad (6.26)$$

这里 $G = \lg g$,我们可作这样的近似:当时 $x < 1$,$|\mathrm{sinc}\,x| \approx 1$,当 $x > 1$ 时,$\mathrm{sinc}\,x \approx \dfrac{1}{x}$,于是有

$$\lg|A(\omega)| - G = \begin{cases} \lg M_0 & \omega < 2/\tau_d \\ \lg M_0 - \lg\dfrac{\tau_d}{2} - \lg\omega & 2/\tau_d < \omega < 2/\tau_r \\ \lg M_0 - \lg\dfrac{\tau_d\tau_x}{4} - 2\lg\omega & 2/\tau_d < \omega \end{cases} \qquad (6.27)$$

　　这里已经假定了 $\tau_d > \tau_r$,于是我们看到在梯形震源时间函数的情况下,平的低频部分的高度与 M_0 成比例;在中间的频率段,高度与 ω^{-1} 成比例;在高频段,高度与 ω^{-2} 成比例(图 6.19)。图中 $\tau_d = 8\tau_r$ 这有时也叫 ω^{-2} 震源模型,相应的 $\omega = 2/\tau_r$ 和 $\omega = 2/\tau_d$ 的频率叫拐角频率,它们把谱分成 3 个不同的部分。通过研究实际地震的谱,理论上可以按照此模型来还原 M_0、τ_r 和 τ_d,实际情况下往往只能识别出由按 ω^0 和 ω^{-2} 渐近线的交点定义的一个拐角频率。

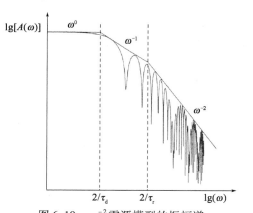

图 6.19　ω^{-2} 震源模型的振幅谱

它是两个 sinc 函数的乘积,相当于时间域里两个持续时间分别为 τ_d 和 τ_r 的箱形函数的褶积。谱振幅在 $2/\tau_d < \omega < 2/\tau_r$ 时按 ω^{-1} 衰减,在 $\omega > 2/\tau_r$ 时按 ω^{-2} 衰减

6.2.7　应力降

　　应力降定义为断层在地震前和地震后应力之差的平均值:

$$\Delta\sigma = \frac{1}{A}\int_s [\sigma(t_2) - \sigma(t_1)]\mathrm{d}s \qquad (6.28)$$

这里积分是在整个断层面上进行的,A 是断层面积。考虑断层长度 L,宽度 $W \ll L$,在 L 方向上平均位移 $\overline{D}$,沿断层剪切应变的变化可粗略地近似为 $\varepsilon \sim \dfrac{\overline{D}}{W}$,因为 $\tau_{12} = 2\mu\varepsilon_{12}$,于是按断层几何形状,可以把应力降近似为

$$\Delta\sigma \sim \frac{2\mu\overline{D}}{W} \qquad\qquad (6.29)$$

式中 μ——剪切模量。

在更普遍的情况下,式(6.29)可写成

$$\Delta\sigma = C\mu\left[\frac{\overline{D}}{\tilde{L}}\right] \qquad\qquad (6.30)$$

式中 $\tilde{L}$——特征破裂长度(在我们的例子中为 W);

C——取决于破裂几何形状的无量纲常数。

只有很少的特殊几何图像可导出式(6.30)中常数 C 的表达式。在无限长的走滑断层的情况下,$\tilde{L} = W/2$,$C = 2/\pi$。

为了根据地震数据来估算 $\Delta\sigma$,必须知道断层尺度和平均位移 $\overline{D}$。可以根据地震矩来估算平均位移 $\overline{D}$:

$$\overline{D} = \frac{M_0}{\mu A} \qquad\qquad (6.31)$$

式中 A——断层面积。

将式(6.31)代入式(6.30),有

$$\Delta\sigma = \frac{CM_0}{A\tilde{L}} \qquad\qquad (6.32)$$

假定 $A = a\tilde{L}^2$,这里 a 是纵横比参数,即有

$$\Delta\sigma = \frac{CM_0}{a\tilde{L}^3} \qquad\qquad (6.33)$$

对于半径为 r 的圆形断层的特殊情况,基于 Brune(1970)的研究成果可知:

$$\Delta\sigma = \frac{7}{16}\frac{M_0}{r^3} \qquad\qquad (6.34)$$

在式(6.33)和式(6.34)中,应力降与断层尺度的立方成反比。因为断层尺度通常只根据破裂持续时间 τ_d 和假定的破裂速度 v_r 来近似地估算,因此估算的 $\Delta\sigma$ 值出现较大的离散。如果断层尺度可以用独立的方法例如余震的分布来确定,那么就可以得到更精确的 $\Delta\sigma$ 值。观测到的应力降一般在 $10\sim100\text{Pa}$ 之间,与地震矩有一点关系或无关。

6.2.8 总的辐射能量

原则上,通过研究在地震台站记录的远场能量可以确定断层辐射的总能量 E_s。要精确地做这项工作涉及对整个地震图的能量积分和考虑能量输出的辐射图像的差别,这是一项复杂的工作。然而,可以根据震级和古登堡—里克特推导的 E_s 和震级之间的关系做出估算:

$$\lg E_s(尔格) = 5.8 + 2.4m_b \approx 11.8 + 1.5M_s \qquad\qquad (6.35)$$

注意一个 $M_s = 7.0$ 级地震释放的能量为 $M_s = 6.0$ 级地震释放能量的 32 倍多,为 $M_s = 5.0$ 级地震释放的能量的 1000 倍多。Kostrov(1974)推导了 E_s 与应力降之间的关系:

$$E_s \approx \frac{1}{2}\Delta\sigma\overline{D}A = \frac{\Delta\sigma}{2\mu}M_0 \qquad\qquad (6.36)$$

这意味着可以用另一种方法来估算应力降:

$$\Delta\sigma = 2\mu \frac{E_S}{M_0} \qquad\qquad (6.37)$$

然而,式(6.36)和式(6.37)是对理论裂缝模型而言的,并不都适用于实际的地震,牢记这点是很重要的。

6.3　震源机制解

震源机制解是研究震源区地球介质的运动方式或力的作用形式。广义的震源机制解即断层面解,狭义震源机制解的指波初动解。

6.3.1　初动象限分布

图6.20在平面上表示一个垂直断层面 BB' 上的纯粹水平运动,断层面两盘彼此相对运动。

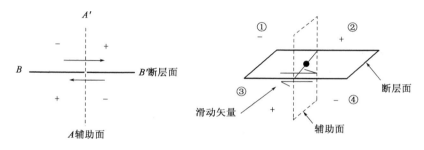

图 6.20　初动四象限分布示意图

初动分为四个象限(图6.21、图6.22、图6.23):当地震波到达时,箭头前方的介质受到了压缩,从压缩区传播出去的是压缩纵波,其质点的运动方向开始是离开震源的。当振动达到地表时,垂直向地震仪记录到向上的初动位移,通常以"＋"号表示。

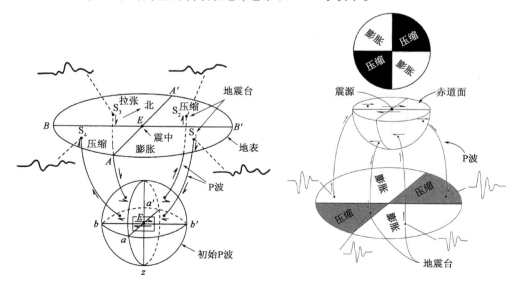

图 6.21　震源机制四象限在地表记录示意图

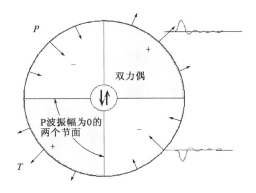

图 6.22　震源球四象限在地表投影观测记录示意图

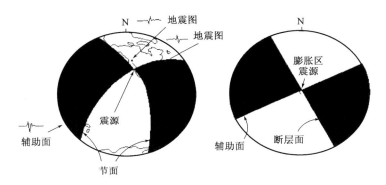

图 6.23　震源球四象限在地表投影观测记录示意图

　　箭头后方的介质朝震源发生了膨胀。从膨胀区传播出去的是膨胀纵波,它的初动方向与压缩波相反,通常以" – "号表示。

　　压缩区和膨胀区相互交替排列,交界面称为节面。在节面上,P 波初动为零。

　　单力、力偶、双力偶点源产生的 P 波初动符号分布一般分为四象限(图 6.24)。对断层震源,P 波有两个节面,一个是断层面,另一个是辅助面,它们是正交的。

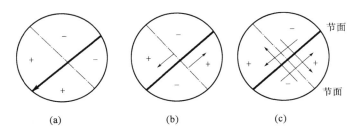

图 6.24　单力、力偶、双力偶点源产生的 P 波初动符号分布示意图

断层震源相当于双力偶源,将力偶模型画在震源球面上(图 6.25):

(1)一对力轴 OX 和 OY;

(2)主应力轴是与它们成 45°角的主压力轴 OP 和主张力轴 OT;

(3)相应的 P 波节面 XOZ 面和 YOZ 面。

主压力轴 P 和主张力轴 T 反映了地震前后震源区应力状态的变化,据此可以推断震源区

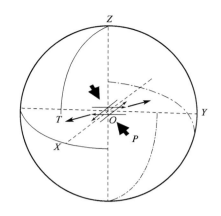

图6.25 双力偶震源在震源球球心示意图

的构造应力场。P轴位于初动为"-"的源区。

P波初动位移分布的两个节面就是两个可能的断层面,但界面在地球内部不可能直接得到,而节面和地面的交线——节线却可根据地表初动分布来确定,因而我们要用节线来确定节面,从而求得断层面。

6.3.2 震源球和离源角

以上地球模型均假定地球介质均匀,存在问题。

在均匀理想的弹性介质中,震源发出的射线为直线,此直线与地面的交点为观测点(地震台)。但实际的地球介质是非均匀的,因而地震射线发生弯曲,使得测到初动方向的观测点不在波离开震源的方向上,即可能使得地面测到的初动符号的分布与真正震源产生的不符[图6.26(a)中的FS]。

在这种情况下,就不能用两个互相垂直的节平面将压缩区和膨胀区隔开。

为了消除射线弯曲造成的畸变,恢复初动四象限分布的直观形象,引进震源球和离源角的概念。

图6.26(b)中的H表示深度为h的震源,O是台站,N是北极,ψ是台站相对于震中E的方位角,φ是震中相对于台站的方位角。

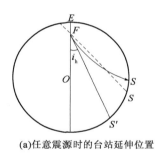

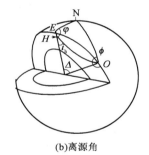

(a)任意震源时的台站延伸位置　　　　　(b)离源角

图6.26 震源球和离源角

如果把O的观测结果逆着射线归算到以H为球心、以充分小的长度为半径的小球球面上(球内介质视为均匀,射线近弯曲可以忽略),就可以克服由地球不均匀引起的困难,从而可以在小球球面上把理论分析和观测结果加以对比。这个理想的小球叫震源球。离源角i_h是地震射线离开震源与地球半径的夹角。在震源球球面上,和台站O相应的理想观测点P的位置可以用离源角i_h和台站相对于震中E的方位角ψ(台站方位角)表示。已知震中的位置和台站的位置,就可以直接计算出台站方位角ψ。地震射线的离源角i_h可用下述方法计算出。

直达波$\overline{P}$的离源角i_h为

$$i_h = \arctan(\Delta / h)$$

式中　Δ——震中距;

　　　h——震源深度。

首波P_n的离源角为

$$i_h = \arcsin(v_1 / v_2)$$

式中　v_1、v_2——地壳底层上下介质的速度。

首波的离源角与震中距无关。

远震 P 波的离源角计算如下。

由斯内尔定律得
$$\frac{r_h \sin i_h}{v_h} = \frac{r_0 \sin i_0}{v_0}$$

其中,下角标"h"表示震源所在处的量,"0"表示地面处的值。因为
$$r_h = r_0 - h, \sin i_0 = v_0 \frac{\mathrm{d}t}{\mathrm{d}\Delta}$$

所以
$$\sin i_h = \frac{r_0}{r_0 - h} v_h \frac{\mathrm{d}t}{\mathrm{d}\Delta} \text{ 或 } i_h = \arcsin\left(\frac{r_0}{r_0 - h} v_h \frac{\mathrm{d}t}{\mathrm{d}\Delta}\right)$$

震中距超过 105° 时,用 PKP 的离源角,也可用 PP 的离源角。

这样,把地球表面上的出射点 O 归位到震源球面上的 P 点,结果震源球上的初动分布恢复为均分的四象限。

6.3.3　吴尔夫(Wulff)网上求断层面解

对于远震来说,射线离开震源朝下到达地震台,此时与 O 相应的 P 点在震源球下半球的球面上。我们可以按吴尔夫网的投影原理把它投影在水平面上。

图 6.27 表示了吴尔夫网的投影原理。MN 表示过 H 的水平面(赤道面),VW 是极轴,V 和 W 是极点。连接 PV 交 MN 于 P' 点,P' 为下半球球面上的 P 点在 MN 面上的投影。

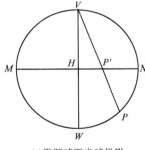
(a)震源球下半球投影

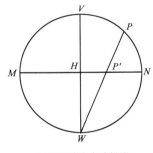
(b)震源球上半球投影

图 6.27　吴尔夫网的投影原理

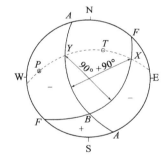

图 6.28　吴尔夫网正交条件

对近震来说,射线向上离开震源到达地震台,此时,与出射点相应的 P 点在震源球的上半球面上。PW 与 MN 交于 P',P' 便为上半球球面上 P 点在 MN 面上的投影。

在吴尔夫网上,P 点的投影 P' 的位置由台站方位角 ψ 和 $\overline{HP'}$ 的长度决定。设震源球半径为 1,则 $\overline{HP'} = \tan(i_h/2)$。用吴尔夫网把地震波初动符号不同的 P' 点以两段正交的大圆弧分割成四象限。

如图 6.28 所示,FF 和 AA 是彼此正交的平面,所以在投影圆上,弧 FF 的极 Y 在弧 AA 上,弧 AA 的极 X 在弧 FF 上,这种情况叫正交条件(极 X 是弧 AA 的中垂线,极 Y 是弧 FF 的中垂线)。

走滑断层、正断层、逆断层地震模型及相应震源球的下半球投影如图 6.29 所示。图 6.30 为加利福尼亚地震实例及其断层面解,该断面层为斜滑等层面。

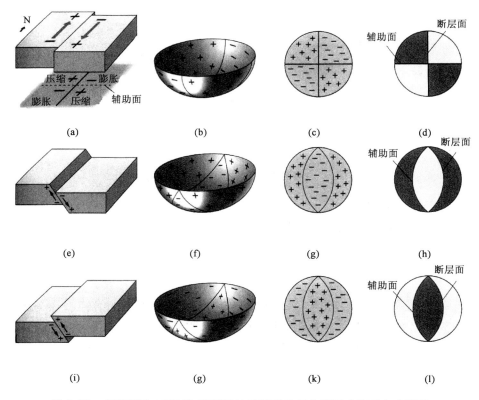

图 6.29　走滑断层、正断层、逆断层地震模型及相应震源球的下半球投影

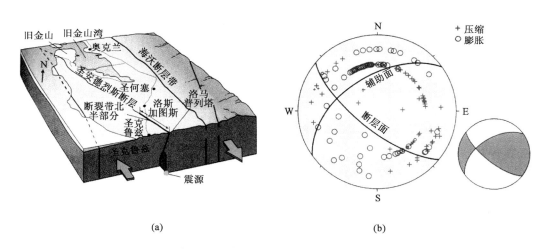

(a)   (b)

图 6.30　地震实例（加利福尼亚地震及其断层面解）

6.3.4　断层解的基本类型

6.3.4.1　断层运动的基本类型(fundamental type of fault motion)

（1）走滑断层(strike-slip fault)：断层面的倾角(倾向)$\delta \approx 90°$，见图 6.31(b)。

（2）正断层(normal fault)，也称张(Tensional)断层：断层面的倾角 $45° < \delta < 90°$，见图 6.31 (c)。

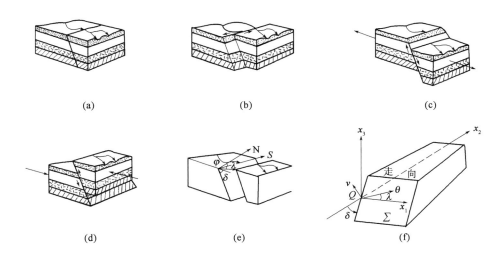

图 6.31　断层解的基本类型

Q—震顶;x_i—断层面走向;N—地理正北方向;S—断层走向;φ—断层面走向的方位角;

δ—断层面倾角(倾向);λ—断层面滑动角

（3）逆断层（reverse fault），也称挤压（compressional）断层：断层面的倾角 $0° < \delta < 45°$，见图 6.31(d)。正断层和逆断层又称为倾滑断层。

（4）斜滑断层（oblique fault）。

例如，图 6.29(a)是走滑断层图，图(b)、(c)、(d)分别是该类型断层的震源球(下半球)、表面投影和断层面解;图 6.29(e)是正断层，图(f)、(g)、(h)分别是该类型断层的震源球(下半球)、表面投影和断层面解;图 6.29(i)是逆断层，图(j)、(k)、(l)分别是该类型断层的震源球(下半球)、表面投影和断层面解。

6.3.4.2　确定断层面的方法

用 P 波初动解得到的两个节平面均为可能的断层面，要知道哪个是断层面是确定的断层面，一般有下述方法：

（1）用最内等震线的长轴方向来确定。一般认为，极震区等震线的长轴方向应为断层面的走向方向。

（2）依据大地测量的数据来判断。对于地面裂缝不太大的地区，可用大地测量量出地面各点的位移，由位移矢量来判断断层面。

（3）前震及余震的分布。前震一般发生在主震震源的一端，因此，将前震与主震连接起来，其分布的长轴方向与那个 P 波节线符合，则这节线即为断层面节线。余震一般分布在主震断裂带的两端，分布呈带状，将余震分布方向与 P 波节线比较也能判断出断层面节线。

（4）S 波的偏振、面波和位移源位移谱。

思　考　题

1. 地震震源机制解的主要获取方法有哪些？

2. 地震震源机制反演精度与哪些因素有关？

3. 地震震源机制与板块构造、板块运动、余震分布有什么关系？

4. 如何从震源机制球反推震源附近的构造应力场分布？

7 地球内部结构

获取地球内部结构,对于认识地球的性质、动力学过程及地球的演化历史,都具有十分重要的意义。研究地球内部结构的方法较多,如地震、重力、电法、磁力等,不同物理量对地下不同的介质性质敏感,针对不同的需求,可以采用不同的输入数据进行反演。本章重点介绍地球物理内部的速度结构及其获取的方式。

地震波走时信息仍然是研究地球深部结构的一种基础资料。根据第 3 章介绍的射线理论,假定一定的速度结构模型,计算从震源到地震台各种震相的走时,这种问题称为正演问题。在实际研究中,需要根据地震台记录的各震相走时推算地下介质的速度结构,这类问题称为反演问题。反演问题的解答通常存在不唯一性,在研究过程中需要加入各种约束和先验信息,来降低地球内部反演过程中的非唯一性问题,提高反演精度。

波形拟合的方法也是获取地球内部结构的重要方法之一,包括全波形反演(FWI)、走时与波形联合反演、波形拟合等方法。在这些方法中,地震震源参数作为计算理论波形的重要参数,也直接影响到波形反演的收敛性及反演精度。为此,如第 5、6 章所说,地球内部结构与地震震源参数两者关系紧密,互相影响。

7.1 Herglotz-Wiechert 反演方法

假设在具有球对称结构的半径为 R 的地球模型中,体波速度随深度变化的函数为 $c(r)$,从震源到达震中距为 Δ 的地震台的地震射线,在地球内部穿透的最低点对应的半径为 r_1(图 7.1),相应射线参数为 p,则有

$$\Delta(p) = 2p \int_{r_1}^{R} \frac{\mathrm{d}r}{r(\xi^2 - p^2)^{1/2}} \tag{7.1}$$

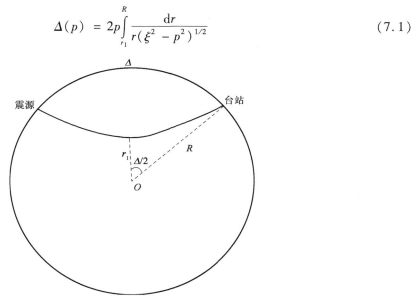

图 7.1　横向均匀地球模型中的射线路径

其中
$$\xi = \frac{r}{c(r)}$$

在射线最低点处有
$$\xi_1 = \frac{r_1}{c(r_1)} = p$$

将式(7.1)的积分变量从 r 变为 ξ,则有

$$\Delta(p) = 2p\int_p^{\xi_0} \frac{1}{r(\xi^2 - p^2)^{1/2}} \frac{\mathrm{d}r}{\mathrm{d}\xi}\mathrm{d}\xi \tag{7.2}$$

其中
$$\xi_0 = \frac{R}{c(R)}$$

式(7.2)不能直接积分,因此考虑一积分算子:

$$\int_{p=\xi_1}^{p=\xi_0} \frac{\mathrm{d}p}{(p^2 - \xi_1^2)^{1/2}} \tag{7.3}$$

用该积分算子作用于式(7.2)左右两边,则有

$$\int_{p=\xi_1}^{p=\xi_0} \frac{\Delta(p)\mathrm{d}p}{(p^2 - \xi_1^2)^{1/2}} = \int_{p=\xi_1}^{p=\xi_0} \mathrm{d}p \int_p^{\xi_0} \frac{2p}{r(\xi^2 - p^2)^{1/2}(p^2 - \xi_1^2)^{1/2}} \frac{\mathrm{d}r}{\mathrm{d}\xi}\mathrm{d}\xi \tag{7.4}$$

用分部积分法,可得式(7.4)左边积分为

$$左边 = \int_{p=\xi_1}^{p=\xi_0} \Delta(p) \cdot \mathrm{d}\mathrm{arcosh}\frac{p}{\xi_1} = \Delta(p) \cdot \mathrm{arcosh}\frac{p}{\xi_1}\bigg|_{p=\xi_1}^{p=\xi_0} - \int_{p=\xi_1}^{p=\xi_0} \mathrm{arcosh}\frac{p}{\xi_1}\mathrm{d}\Delta \tag{7.5}$$

其中 $\mathrm{arcosh}x$ 为反双曲余弦函数:

$$\mathrm{arcosh}x = \pm\ln(x + \sqrt{x^2 - 1}) \qquad x \geq 1 \tag{7.6}$$

由式(7.2)易得 $\Delta(\xi_0) = 0$,由式(7.6)易得 $\mathrm{arcosh}1 = 0$;则式(7.5)可进一步化简为

$$\int_{p=\xi_1}^{p=\xi_0} \frac{\Delta\mathrm{d}p}{(p^2 - \xi_1^2)^{1/2}} = -\int_{p=\xi_1}^{p=\xi_0} \mathrm{arcosh}\frac{p}{\xi_1}\mathrm{d}\Delta \tag{7.7}$$

如图 7.2 所示,改变式(7.4)右边的积分顺序,可得

$$右边 = \int_{\xi_1}^{\xi_0} \frac{1}{r}\frac{\mathrm{d}r}{\mathrm{d}\xi}\mathrm{d}\xi \int_{\xi_1}^{\xi} \frac{\mathrm{d}p^2}{(\xi^2 - p^2)^{1/2}(p^2 - \xi_1^2)^{1/2}} = \int_{\xi_1}^{\xi_0} \mathrm{arcsin}\left(\frac{p^2 - \xi_1^2}{\xi^2 - \xi_1^2}\right)^{1/2}\bigg|_{p=\xi_1}^{p=\xi} \frac{1}{r}\frac{\mathrm{d}r}{\mathrm{d}\xi}\mathrm{d}\xi$$

$$= \int_{\xi_1}^{\xi_0} (\pi - 0)\frac{1}{r}\frac{\mathrm{d}r}{\mathrm{d}\xi}\mathrm{d}\xi = \pi\int_{r_1}^{R} \frac{\mathrm{d}r}{r} = \pi\ln\frac{R}{r_1} \tag{7.8}$$

则有
$$\int_{\Delta(\xi_1)}^{\Delta(\xi_0)} \mathrm{arcosh}\frac{p}{\xi_1}\mathrm{d}\Delta = -\pi\ln\frac{R}{r_1} \tag{7.9}$$

显然 $\Delta(\xi_0) = 0$,并令 $\Delta(\xi_1) = \Delta_1$,则有

$$\ln\frac{R}{r_1} = \frac{1}{\pi}\int_0^{\Delta_1} \mathrm{arcosh}\frac{p}{\xi_1}\mathrm{d}\Delta \tag{7.10}$$

如图 7.3 所示,根据一系列不同震中距地震台的记录,构造走时曲线 $T(\Delta) \sim \Delta$ 可导得 $p(\Delta) = \dfrac{\mathrm{d}T}{\mathrm{d}\Delta} \sim \Delta$ 曲线。

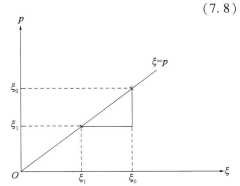

图 7.2 双重积分中的积分区域示意图

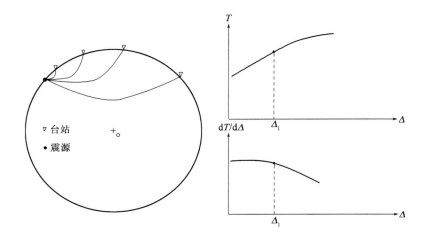

图7.3　地震波射线路径及走时曲线示意图

任意设定一个震中距值 Δ_1，可计算

$$\xi_1 = \frac{r_1}{c(r_1)} = p = \frac{\mathrm{d}T}{\mathrm{d}\Delta}\bigg|_{\Delta = \Delta_1} \tag{7.11}$$

由式(7.10)可以进一步计算出地震射线在地球内部穿透的最低点所对应的半径，则地球半径 r_1 处的地震波速度由式(7.11)可计算出来：

$$c(r_1) = \frac{r_1}{\dfrac{\mathrm{d}T}{\mathrm{d}\Delta}\bigg|_{\Delta = \Delta_1}} \tag{7.12}$$

在已知走时曲线相应的震中距范围内不断改变 Δ_1 的值，重复上述方法，可计算出地球内部不同深度处地震波速度。式(7.10)称为 Herglotz-Wiechert 公式，这种反演方法称为 Herglotz-Wiechert 反演。

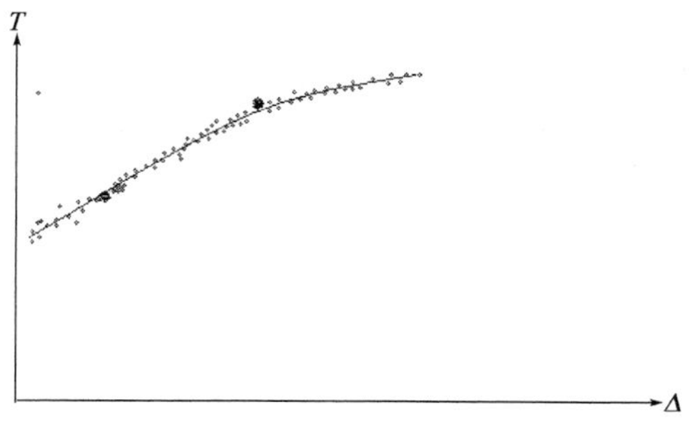

小结：为求得 $R_0 - r_1$ 处的速度，应分为下面的几步进行计算：

（1）取震源在地表，作 $0 \sim \Delta$ 范围内的走时曲线，即 $T \sim \Delta$ 曲线(图7.4)。

（2）求 $T \sim \Delta$ 曲线的各点斜率，作出 $\dfrac{\mathrm{d}T}{\mathrm{d}\Delta} - \Delta$ 曲线，即为 $p \sim \Delta$ 曲线。

（3）在 $0 \sim \Delta$ 范围内任取一点 Δ_1，即与之对应的射线 $p(\Delta_1) = \left(\dfrac{\mathrm{d}T}{\mathrm{d}\Delta}\right)_{\Delta_1} = \xi_1$。

（4）计算参数 $p(\Delta_1)$ 所对用的射线最低点到球心的距离：

$$\ln\frac{R}{r_1} = \frac{1}{\pi}\int_0^{\Delta_1} \mathrm{arcosh}\frac{p}{\xi_1}\mathrm{d}\Delta$$

图7.4　根据大量浅源地震 P 或 S 波震相走时观测资料获取走时曲线示意图

（5）利用 $c(r_1) = r_1\bigg/\dfrac{\mathrm{d}T}{\mathrm{d}\Delta}\bigg|_{\Delta = \Delta_1}$ 计算速度。

7.2 Gutenberg 反演方法

如图 7.5 所示,设有一深度为 h 的震源发出的地震波被震中距为 Δ 的地震台所记录。由斯内尔定理有

$$\frac{(R-h)\sin i_h}{c_h} = p(\Delta) \tag{7.13}$$

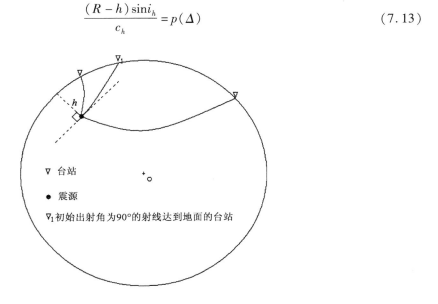

图 7.5 单一地震的走时曲线反演震源处的速度

由式(7.13)可以看出,在给定震源位置的情况下,射线参数 p 的大小可由震源处射线的初始出射角 i_h 唯一地确定。$i_h = \dfrac{\pi}{2}$ 的射线对应着该震源所有射线的射线参数的最大值。设震中距 $\Delta = \Delta_1$ 的地震台所记录的地震波射线参数 p 为最大值,则有

$$p(\Delta_1) = \max(p(\Delta)) = \max\left(\frac{\mathrm{d}T}{\mathrm{d}\Delta}\right) \tag{7.14}$$

$$c_h = \frac{R-h}{R}\left(\frac{\mathrm{d}\Delta}{\mathrm{d}T}\right)_{\min} \tag{7.15}$$

具体步骤:

(1)固定一个震源,利用台网记录,建造一条 $T \sim \Delta$ 曲线;

(2)在 $T \sim \Delta$ 曲线上求出极值 $\left(\dfrac{\mathrm{d}\Delta}{\mathrm{d}T}\right)_{\min}$;

(3)代入式(7.15)可求出震源处介质的地震波速度。

该方法的优点是计算简单、直观,结果可靠,可计算低速层中介质的地震波速度,比较不同区域的震源反演的结果,可以讨论介质速度结构的横向不均匀性;缺点是一条走时曲线只可能得到地球介质中震源位置处的波速,因而能得到的地下介质的速度结构有一定的局限性。由于地球内 700km 以下的深处迄今还未观测到地震发生,因此该方法不可能探测到 700km 以下的介质波速信息。

7.3 $\tau(p)$法反演速度结构

对存在低速层或高速层的复杂地球结构,$T(\Delta)$或$\Delta(p)$可能会成为多值函数,然而$\tau(p)$总是保持为简单的单值函数。因而在地球波速结构反演中(尤其是勘探地震反演中),选择$\tau(p)$法可能使问题更为简便:

$$\tau(p) = T(p) - pX = 2 \int_0^{z(p)} \sqrt{\gamma^2 - p^2}\, \mathrm{d}x_3 \qquad (7.16)$$

其中

$$\gamma = \frac{1}{c}$$

式中 γ——地震波的慢度。

作为一个简单例子,现考虑用一系列均匀速度层构成的地层速度模型,每层的波慢度为$\gamma_i(i=1,\cdots,N)$即共有N层。设已知一系列穿透该速度模型的地震射线,其射线参数为$p_j(j=1,\cdots,M)$即共有M条射线。在此情况下,$\tau(p)$的积分表达式(7.16)就变为求和形式:

$$\tau(p_j) = 2 \sum_{i=1}^N h_i (\gamma_i^2 - p_j^2)^{1/2} \qquad \gamma_i > p_j \qquad (7.17)$$

式中 h_i——第i层介质的厚度。

由式(7.17)可以构造如下线性方程组:

$$\begin{bmatrix} \tau(p_1) \\ \tau(p_2) \\ \tau(p_3) \\ \vdots \\ \tau(p_M) \end{bmatrix} = \begin{bmatrix} 2(\gamma_1^2 - p_1^2)^{1/2} & 0 & 0 & \cdots & 0 \\ 2(\gamma_1^2 - p_2^2)^{1/2} & 2(\gamma_2^2 - p_2^2)^{1/2} & 0 & \cdots & 0 \\ 2(\gamma_1^2 - p_3^2)^{1/2} & 2(\gamma_2^2 - p_3^2)^{1/2} & 2(\gamma_3^2 - p_3^2)^{1/2} & \cdots & 0 \\ \vdots & \vdots & \vdots & & \vdots \\ 2(\gamma_1^2 - p_M^2)^{1/2} & 2(\gamma_2^2 - p_M^2)^{1/2} & \cdots & \cdots & 2(\gamma_N^2 - p_M^2)^{1/2} \end{bmatrix} \cdot \begin{bmatrix} h_1 \\ h_2 \\ h_3 \\ \vdots \\ h_N \end{bmatrix}$$

$$(7.18)$$

即

$$\tau = Gh \qquad (7.19)$$

从观测的走时曲线上,推导出一系列p_j、$\tau(p_j)$值及各层地震波慢度值γ_i,由式(7.17)可反演出各地层的厚度。

如果地层速度随深度是单调增加的,用如下具体步骤可以用$\tau(p)$法反演一维速度结构:

(1)用研究区台网所记录的不同震中距的地震走时建造一条$T \sim X$走时曲线。

(2)在$T \sim X$曲线上求出$p = \mathrm{d}T/\mathrm{d}X \sim X$曲线。

(3)根据需求在X轴上选N个不同震中距的点有$X_i(i=1,2,\cdots,N)$且$X_i < X_{i+1}$,则由$p \sim X$曲线可以测量出:

$$p_i = p(X_i), \tau(p_i) = T(X_i) - p_i \cdot X_i \qquad (7.20)$$

(4)根据斯内尔定律,可以假定

$$\gamma_{i+1} = p_i \quad (i=1,2,\cdots,N-1) \qquad (7.21)$$

研究区表层介质速度(或慢度γ_1)是很容易由其他途径得到或估计的。

(5)将式(7.20)、式(7.21)的结果代入式(7.18),式(7.19)成了一个$N \times N$的正定矩阵方程,极容易解出各层的厚度及深度,从而反演出研究区速度随深度的变化。

7.4　体波走时地震层析成像

体波走时层析成像是当前最常用的地震层析成像方法之一。其基本思路是根据穿过模型中每个位置的地震射线的路径和走时,反演出模型的波速(图7.6)。从某一震源传播到一台站的地震震相,其走时 T 及相应地震射线的路径 s 存在下列关系:

$$T = \int_s \frac{\mathrm{d}s}{c(s)} = \int_s u(s)\,\mathrm{d}s \tag{7.22}$$

式中　$c(s)$——传播路径上介质的速度;

　　　$u(s)$——相应慢度。

如图7.7所示,将传播介质离速度模型参数化,各单元的波速就是待求的模型参数,则式(7.22)可写成如下离散求和的形式:

$$T_n = T_{ij} = \int_s u(s)\,\mathrm{d}s = \sum_{k=1}^{K} u_k \cdot \Delta s_{nk} \tag{7.23}$$

式中　i——地震编号;

　　　j——地震台编号;

　　　K——研究区介质单元编号(研究区介质离散为 K 个单元);

　　　n——射线编号;

　　　T_{ij}——由震源 i 到地震台 j 的射线走时(射线编号为 n);

　　　u_k——介质单元 k 的波的慢度;

　　　Δs_{nk}——射线 n 在介质单元 k 中的长度。

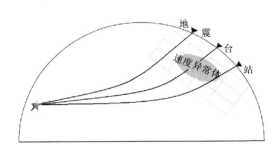

图7.6　体波走时层析成像原理示意图

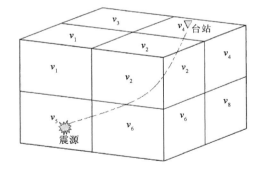

图7.7　传播介质速度模型的离散化

将初始模型代入式(7.23),计算射线 n 的理论走时,由实际观测走时求出理论走时与实际观测走时的偏差,据此修改初始模型,直到两者走时偏差足够小。此模型即为走时反演的结果。

7.5　接收函数法

将某地震台记录的某远震三分量地震波分别记为 $u_Z(t)$、$u_R(t)$、$u_T(t)$(图7.8中 Z 分量、R 分量、T 分量分别表示地震波的垂直分量、径向分量和切向分量),在时间域里可表示为仪器

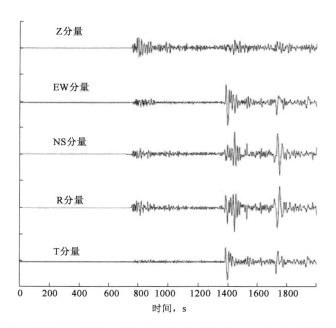

图 7.8 北京大学宽频带数字地震台的远震(震中距 60°)三分量记录图及旋转结果

脉冲响应 $i(t)$、有效震源时间函数 $s(t)$ 及介质结构脉冲响应 $e(t)$ 的卷积,即

$$\begin{cases} u_Z(t) = i(t) * s(t) * e_Z(t) \\ u_R(t) = i(t) * s(t) * e_R(t) \end{cases} \tag{7.24}$$

在频率域,式(7.24)的相应表达式是

$$\begin{cases} U_Z(\omega) = I(\omega) * S(\omega) * E_Z(\omega) \\ U_R(\omega) = I(\omega) * S(\omega) * E_R(\omega) \end{cases} \tag{7.24'}$$

式中　ω——角频率。

理论计算与实际观测表明,近垂直入射的深远震 P 波波形的垂直分量主要由近似脉冲的直达波构成,尾随波列能量较弱,可忽略不计,于是可假定介质结构的垂直向脉冲响应为

$$e_Z(t) \approx \delta(t), E_Z(\omega) \approx 1 \tag{7.25}$$

这时远震记录的垂直分量可近似表示成仪器响应与有效震源时间函数的卷积:

$$u_Z(t) \approx i(t) * s(t)$$

在式(7.25)条件下,由式(7.24)有

$$E_R(\omega) = \frac{U_R(\omega)}{I(\omega)S(\omega)} \approx \frac{U_R(\omega)}{U_Z(\omega)} \tag{7.26}$$

将式(7.26)反变换到时间域后的时间序列就是 P 波的接收函数。

在实际计算中,由于式(7.26)中的分母有可能趋于零,导致频率域的除法不稳定,可做如下修正:

$$E_R(\omega) = \frac{U_R(\omega) \cdot U_Z^*(\omega)}{\Phi(\omega)} G(\omega) \tag{7.27}$$

其中　　　　　　$\Phi(\omega) = \max\{U_Z(\omega) \cdot U_Z^*(\omega), c\} \quad 0 < c < 1$

$$G(\omega) = \exp(-\omega^2/4a^2)$$

式中　$\Phi(\omega)$——"水准值",由经验选择,与数据噪声有关,并对结果的分辨率有重要影响;

$G(\omega)$——高斯滤波器;

a——带宽控制参数。

在远震的情况下,Z分量主要包含P波信息,而径向分量主要包含S波的信息,通过反褶积后消除了震源的影响,接收函数只包含了地壳对P波传播响应和对S波的传播响应(图7.9、图7.10)。实际上,在地壳内及地幔深处还存在其他速度间断面。因此接收函数法现在不仅是探测莫霍面深度及地壳速度的有效方法,还被广泛应用于地壳及上地幔其他界面的探测及上地幔结构的反演研究中。

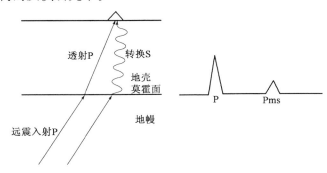

图7.9 远震P波入射到莫霍面及相应接收函数

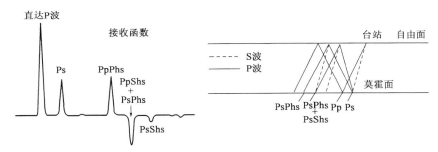

图7.10 远震P波的接收函数

如图7.11所示,射线参数为

$$p = \frac{\sin i_2}{v_S} = \frac{\sin i_1}{v_P}$$

由斯内尔定律有

$$\frac{\sin i_1}{v_P} = \frac{\sin i_3}{v_{P2}}$$

于是有

$$p = \frac{\sin i_2}{v_S} = \frac{\sin i_1}{v_P} = \frac{\sin i_3}{v_{P2}}$$

同一界面上Ps与直达P波的时差为

$$t_{Ps} - t_P = \frac{CD}{v_{P2}} + \frac{AD}{v_S} - \frac{AB}{v_P}$$

最终确定的界面深度为

$$H = \frac{t_{Ps} - t_P}{\sqrt{\dfrac{1}{v_S^2} - p^2} - \sqrt{\dfrac{1}{v_P^2} - p^2}}$$

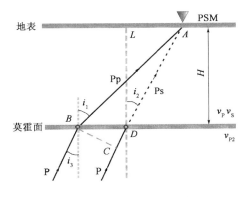

图7.11 接收函数原理示意图

思　考　题

1. 走时层析反演是获取地球内部结构的重要方法,请结合已学知识分析该方法的主要优势和不足。

2. 全波形反演方法近年来成为研究地球内部结构的热点,结合课堂内容及科研调研,分析全波形反演方法实用化的主要难点,列举几点并进行详细分析。

3. 地球内部结构中,存在各向异性的区域有哪些,各自的成因是什么?

4. 通过文献调研,思考利用地震学方法研究地球内部上地幔过渡层(410～660km 间断面)及 D″层的主要地震学方法,并分析主要的实现过程。

8 地 震 预 报

预报地震的方法大体有三种:地震地质法、地震统计法、地震前兆法,但三者必须相互结合、相互补充,才能取得较好的效果。尽管地震预报还没有过关,但是地震工作者根据长期的理论研究和工作实践,形成了一定的地震预报体系,当然这种体系并不十分有效,有待于进一步改进和完善。目前的地震预报主要建立在理论计算和前兆观测的基础上。

人们对地震孕育发生的原理、规律有所认识,但还没有完全认识;研究人员能够对某些类型的地震做出一定程度的预报,但还不能预报所有的地震,作出的较大时间尺度的中长期预报已有一定的可信度,但短临预报的成功率还相对较低。预报地震是人们长期的愿望,但由于地震是在地下发生的,不能直接观察,更由于影响因素十分复杂,因此尚未完全解决,有成功的经验,也有失败的教训。我国部分成功地震预报的案例有 1975 年 2 月 4 日的辽宁海城 7.3 级地震、1976 年 5 月 29 日云南龙陵 7.5 级地震、1976 年 7 月 28 日唐山大地震 7.8 级地震、1976 年 7 月 28 日青龙奇迹—唐山大地震、1976 年 8 月 16 日四川松潘 7.2 级地震、1976 年 11 月 7 日四川盐源 6.7 级地震、1995 年 7 月 12 日云南孟连 7.3 级地震。

地震预报指的是预告在什么地方、什么时候要发生多大的地震,即预报地震的"时、空、强"三要素。这是一种"气象学"意义上的地震预报。

地震危险区指的是在什么地方可能发生多大的地震。这种预报没有完全给出"时、空、强"三要素,所以它是一种"气候学"意义上的地震预报。

地震前兆是那些在地震之前发生的、标志导致地震的过程已经开始或正在进行的现象。

迄今已观测到不少地震前兆,如重力异常(震前显著下降,然后恢复)、地壳变形异常、磁场及电场的"突跳"(也可能有长期变化)、前震(前兆性地震活动)、波速和波速比的变化、地壳应力异常、地下水(水质、水位、水温)异常、油井自喷、动物异常等。许多地震之前都观测到地震前兆,有些国家利用观测到的地震前兆曾成功预报一些地震,如我国 1975 年 2 月 4 日辽宁海城 7.3 级地震前就做过长期和短期预报。但是,地球物质的运动相当复杂,受许多不定因素的控制。触发现象可能是"压断骆驼背脊的一根稻草"。另一方面,大地震很可能是大量事件的宏观协同行为,具有随机涨落的特性。可以认为,地震的发生具有一定的随机性。

地震预报的地震学方法是利用前期地震信息(地震空间活动图像、波速和波速比的变化等)以期预报后期的大地震,就是"以震报震"方法。

近年来,地震预报工作取得了较大进展,地震预警研究工作也得到了飞速发展,全国建立了大量地震预警仪器及地震预警系统,用于防震减灾工作,大大减少了地震人员伤亡和经济损失。

8.1 地震空间活动图像

地震活动图像的分析就是以已经发生地震的各种参数为基础资料,以这些震例所提供的经验为借鉴,来寻找具有前兆意义的异常地震活动图像。

由于资料比较可靠,做法简便,根据地震活动图像的分析来预报地震的方法是国内外多年来在地震预报中广泛采用的重要方法之一,实际应用中也取得了一定的成功。

8.1.1　地震活动带的确定

　　确定地震活动带的方法主要是靠观测资料来确定断层的微弱活动及无人烟地区的地震活动,再根据震源位置的分布特点及相应的地质构造带划出地震活动区,在地震区内地震比较集中的狭长地区划出地震带。

8.1.2　强震活动在空间分布上具有成带性和迁移性

　　震中迁移即地震活动随时间而有顺序地沿某一断裂带活动或者在交会的构造带上交替进行(图8.1、图8.2)。这种有规律的空间分布,很早就引起人们的重视。震中迁移是由断层活

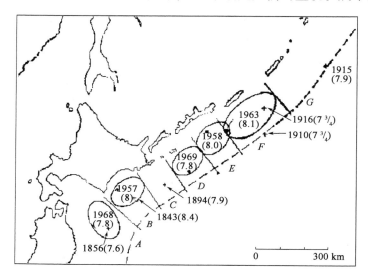

图 8.1　千岛群岛—北海道五个近期大震示意图

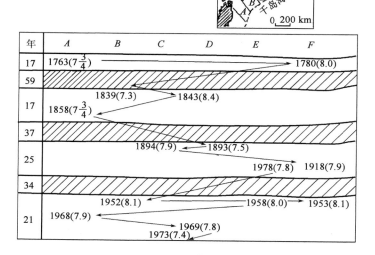

图 8.2　千岛群岛—日本海道近海地震示意图

动的连续性决定的,一部分地区释放能量使其他地区应力场在调整过程中发生地震。在预报中我们可以根据这类规律来推断未来大地震的出现特点。大震前,小地震的空间分布,从凌乱变为有规律的分布,这是比较普遍的现象。图 8.1 显示的是千岛群岛——北海道发生的五个近期的大震($M\geqslant7.8$)的余震区和历史地震的震中。

图 8.2 显示,在千岛群岛——日本海道近海,大约每隔 100 年左右就要发生一次 8 级左右的地震。在 20 世纪 50 年代和 60 年代,A、B、D、E、F 已经发生了 8 级左右大震,而 C 区自 1894 年 7.9 级大震以来没有发生过大震。宇津德治于 1972 年预报这个区域里发生一个 8~8.2 级大震。后来,在 1973 年 6 月 17 日,在南海道东面近海发生了 7.4 级地震。经分析,该地震填补了上述地震空白区。

8.1.3　强震在发震地区的重复性、填空性和相关性

重复性,即某一地区重复发生地震。这种原地重复的现象在一些地区是存在的。不过,越是大震,原地重复性越小。

填空性,即未来大地震震中区里的小地震极少,而周围小地震则十分频繁,强度也逐渐有所提高,形成小震活动的空区,大地震往往发生在这个空区的边缘(图 8.3)。

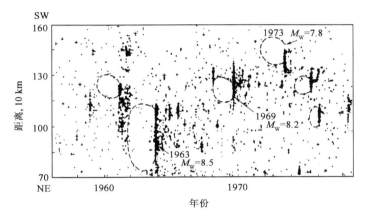

图 8.3　千岛群岛——日本海道近海地震空白区示意图

相关性,表现为区域与区域之间短时间内地震活动的呼应关系或同步发生的现象。这种相关现象可能是直接由断层联系造成的。

如图 8.4 所示,宁夏北部的银川平原和南部的西海固地区虽然发震结构不同,但两区的地震具有明显的交替发生现象,相隔时间最长为一年。

8.2　地震活动期和平静期分析

大地震的发生不仅在空间分布上出现分区性,而且多数区带在长期的地震活动中还表现出活动与平静交替的现象,称为地震活动的阶段性或间歇性。

频度高、强度大的时期称为地震活动期,频度与强度都较低的时期称为平静期。

图 8.5 是华北地区 1400—1979 年 $M_S\geqslant6$ 级地震的时间分布,表现出近 500 年间十分明显的地震活动的阶段性特征。这种特征可以从应变能的释放进程来看:

(1)应变积累:地震少,相对平静。

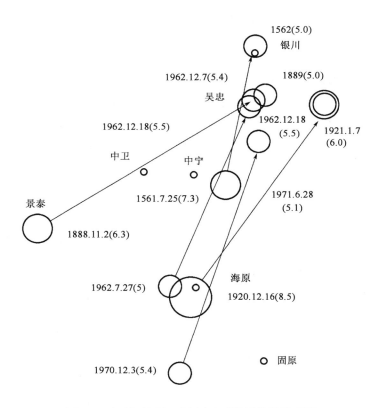

图 8.4　银川平原和西海固地区发震状况示意图

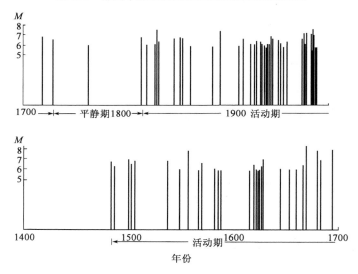

图 8.5　华北地区 1400—1979 年 $M_s \geqslant 6$ 级地震的时间分布示意图

（2）大释放前:前兆活动阶段。

（3）大释放阶段:释放能量越占全部的 80% 。

（4）剩余能量释放:活动的尾声。

如图 8.6 所示,可以由应变释放曲线外推未来的地震震级 M 的大小。图上曲线的斜率是应变释放的平均速率,假定这也就是应变积累的速率,那么可以推测自上次地震发生之后已积累了多少应变。如图 8.6 从 A 到 B 一直未发生地震,则近期如果做一次释放的话,即可发生最大不超过 $\overline{BC}$ 段长度应变的地震。

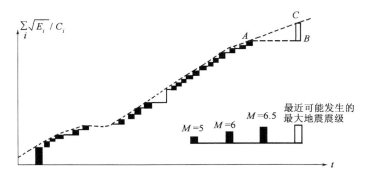

图 8.6　应变释放曲线图

从曲线外推看,相对平静时间拖得越长,则可能发生的地震震级就会越大。

美国古登堡等在研究地震活动性时,总结出地球上各大地震区 6 级以上地震的数目与震级的经验公式(G-R 公式):$\lg N = a - bM$。其中 a、b 为常数,而参数 b 随地区而异,在 0.45 ~ 1.5 之间变化。对于浅震和深震,b 值也是不同的。b 值预报的内在根据:可以预料大震前震源区甚至震源周围相当大的范围内,构造应力有增强变化的过程,由此引起 b 值的异常变化。岩石应变实验证明,岩石介质表现了一定的相对稳定性,应变能"积累"和"释放"之间的关系也具有相对的稳定性,此时相应 b 值也表现比较稳定;若应力增加,b 值下降;当应力接近岩石破裂强度时,b 值下降加速。这表明 b 值的大小在某种意义上反映了应力水平的高低。

图 8.7 为几个大震的 b 值随时间变化的曲线,可以看出,大震前 b 值都有下降过程,并在低点或略有回声后发生大震,其下降幅度与地震强度有关。

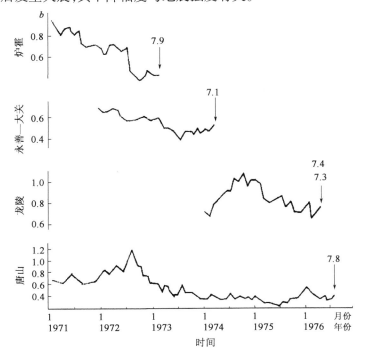

图 8.7　几个大震的 b 值随时间变化的曲线图

8.3 地震序列分析

一次强震发生后,人们总要问:这是前震还是主震?还有没有更大的地震发生?如果是主震,又如何预报余震?所以必须研究前震、主震、余震的变化规律,即进行地震序列的研究。

地震序列是指在一定地质构造带一定时间内(几天,几月或数年)连续发生的大小地震,按时间顺序排列起来。地震序列图即震级 M 随时间 t 的分布图,称为 $M-t$ 图。

图 8.8 中是我国 9 次大地震的地震序列图,反映了"密集—增强—平静—发震"的规律。

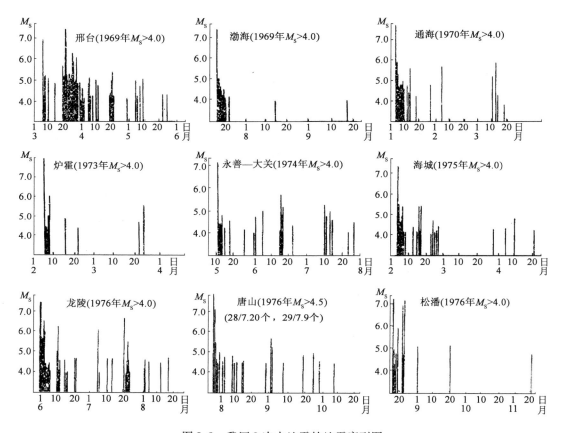

图 8.8 我国 9 次大地震的地震序列图

根据各次地震序列的大小、地震的比例关系及能量释放特征,地震序列可以分为主震型、群震型及孤立型三种类型。

主震型特征是:主震震级突出。最大前震和最大余震与主震相差很大,而与最大余震震级之差大致在 0.7~2.5 之间,主震释放的能量占全序列的绝大部分。

震群型特征是:没有突出的主震。前震、余震与主震震级比较接近,一般相差 0.3~1.0 级左右。

孤立型也称为单发型地震,特征是:前震和余震都很少,强度也很弱,主震特别突出。其能量通过主震一次释放出来。前震、余震的能量总和不到主震的千分之一。

正确判断地震序列的类型,能更有效地预报未来的强地震。

余震序列特性的研究越来越引起重视。余震扩展区往往成片状,主震常常在一端,如图 8.9 所示。

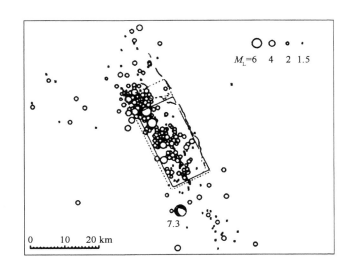

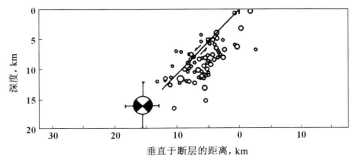

图 8.9　余震扩展区示意图

8.4　波速异常研究

波速异常的研究,其目的是用波速或波速比预报地震。震前的波速或波速比异常是一种相当普遍的前兆现象。苏联、中国、日本及美国等地的地震观测都已发现这一现象并用于地震预报。

许多地震前观测到波速或波速比异常,并成功预报。一个时期以来,用波速或波速比预报地震的问题在国内外引人注目,甚而有人乐观地认为地震预报已找到了波速或波速比这个前兆而处于即将实现的阶段。但是也有没观测到震前波速比异常的实例。

图 8.10 是 1970 年 12 月 3 日我国宁夏西吉地震($M = 5.7$)前后波速比异常图。以 $\sqrt{3}$(地球的介质为泊松介质)为基线。在地震发生的约 300 天之前,v_P/v_S 的值出现异常,由 1.73 下降到 1.63。

图 8.11 是苏联加尔姆地区的观测资料,其纵轴表示波速比与基值 $\sqrt{3}$ 之差。

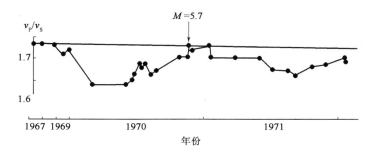

图 8.10　西吉地震($M = 5.7$)前后波速比异常图

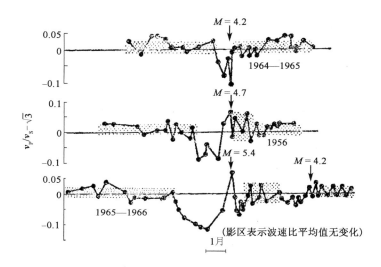

图 8.11　苏联加尔姆地区关于波速比的观测资料

由图 8.10、图 8.11 均可看出,在强震前,v_P/v_S 值显著减少,即出现波速比的负异常。当负异常恢复后不久,发生地震。

8.5　震源机制与小震应力场的变化

8.5.1　震源机制预报地震的依据

观察发现,一个地区的小震应力场一般比较凌乱,说明应力还没有集中;往往随着大震前应力的集中,小震应力场显示出有规律的分布;大震后,小震应力场又比较凌乱。

8.5.2　震源机制预报地震方法

在一个范围不大的震中区,把靠近震中的台网所记录到的 P 波初动在地图上标出,点在各台站的位置上,从地图上初动的分布规律推出大震前后的小震平均应力场的变化,以此来预报大地震的发生。

1975 年我国海城地震前,其周围台站资料作出的前震应力场与主震完全一致(图 8.12),可见震源区内应力高度集中,处于临震状态。

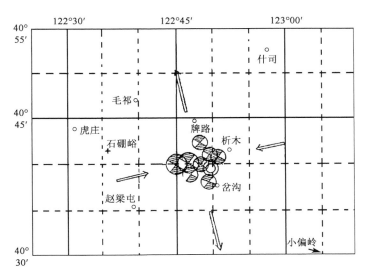

图 8.12　1975 年我国海城地震前的周围台站资料示意图

总之,确定性地震前兆众多而复杂,地震和前兆之间并没有简单的对应关系。

人们很早就关心地震预报,直到 20 世纪 50 年代才真正开展研究。1975 年 2 月 4 日辽宁海城地震的成功预报,震撼了全世界,感动和鼓舞了无数地震学家和世界人民,加上之前苏联和美国孕震模式的提出及其他多方面的研究,使人们抱乐观的态度,普遍认为预报即将突破。而 1976 年 7 月 28 日唐山地震把人们拉回悲观的低潮,并认识到:必须踏踏实实地研究孕震理论。

到目前为止,地震预报还是一个世界性难题。地震预报必须同时包括时间、地点和强度,由于地震情况复杂,有些地震能预报,有些则无法预报,现在全球预报地震的准确率只有 20% 多。目前,包括像美国、日本等发达国家在内,地震预报仍然处于探索阶段,地震预报还远远没有做到像天气预报那样准确。近年来,国际上有一些科学家对地震预测持否定意见。有人甚至发表"地震无法预测"的观点,明确提出"地震是无法预测的"论点。但另有一些地震科学家对地震预报的成就给予了肯定,认为地震发生地点、时间、震级的短期预报终将实现,而长期预报的成就则更加突出。

思　考　题

1. 分析并比较主要地震预报方法的原理、依据及实用性。
2. 通过文献调研给出地震预警的原理及主要方法。
3. 分析地震预报与地震预警二者的区别与联系。

参 考 文 献

安艺敬一,理查兹 P G. 1986. 定量地震学. 李钦祖,等译. 北京:地震出版社.

Bruce A Bolt. 2000. 地震九讲. 马杏垣,等译,北京:地震出版社.

陈运泰,吴忠良,王培德,等. 2004. 数字地震学. 北京:地震出版社.

傅承义,陈运泰,祁贵仲. 1985. 地球物理学基础. 北京:科学出版社.

傅淑芳,刘宝诚. 1991. 地震学教程. 北京:地震出版社.

刘斌. 2009. 地震学原理与应用. 合肥:中国科学技术大学出版社.

Peter M Shearer. 2008. 地震学引论. 陈章立,译. 北京:地震出版社.

吴忠良,陈运泰,牟其铎. 1994. 核爆炸地震学概要. 北京:地震出版社.

曾荣生. 1984. 固体地球物理学导论. 北京:科学出版社.

周仕勇,许忠淮. 2010. 现代地震学教程. 北京:北京大学出版社.

Lay T,Wallace T C. 1995. Modern Global Seismology. London:Academic Press Limited.

Stein S, Wysession M. 2003. An introduction to seismology, Earthquakes, and earthquake structure. Berlin:Blackwell Publishing Ltd.